普通高等学校"十四五"规划土木工程专业精品教材

U0188766

基于 BIM 的 PKPM 结构设计案例教程

主　编　卫　涛　李　容

副主编　杨　亨　沈兵华　胡高茜

参　编　杨金鹏　梁潇敏　荣力文

　　　　赵念文　彭玉枝　王承学

华中科技大学出版社

中国·武汉

内 容 提 要

本书紧密结合现行建筑结构规范,从易到难、由浅入深、循序渐进,系统地介绍了当今国内应用最广的 PKPM 系列结构软件的运用。书中大量的实例可以帮助读者更加深刻地巩固所学的知识,使读者更好地进行绘图操作。

本书共分为 5 章,从初步布置结构形式开始,首先介绍了结构设计的一般流程,如结构提资、设计结构主楼的结构形式等,然后用一个典型实例(高层主体建筑加商业群楼)讲解了 PKPM 软件的应用,如 PMCAD 高层及群楼建模、荷载输入,运用 SATWE 进行结构模型的整体运算及处理,根据宏观、微观指标调整结构模型等,最后讲解了将 PKPM 计算结果与常用的结构设计绘图软件探索者(TSSD)互相配合绘制详细施工图的过程,另外增添了梁、板式楼梯的计算过程。

本书内容翔实、实例丰富、结构严整、深入浅出、通俗易懂,不论是对初期接触结构设计的工作人员,还是对 PKPM 运用具有一定经验的结构工程师,都会起到帮助作用。

图书在版编目(CIP)数据

基于 BIM 的 PKPM 结构设计案例教程/卫涛,李容主编. —武汉:华中科技大学出版社,2021.12
ISBN 978-7-5680-2292-7

Ⅰ. ①基… Ⅱ. ①卫… ②李… Ⅲ. ①建筑结构-计算机辅助设计-应用软件-教材 Ⅳ. ①TU311.41

中国版本图书馆 CIP 数据核字(2021)第 270422 号

基于 BIM 的 PKPM 结构设计案例教程　　　　　　　　　　　　　　　　　卫　涛　李　容　主编
Jiyu BIM de PKPM Jiegou Sheji Anli Jiaocheng

策划编辑:周永华
责任编辑:梁　任
封面设计:原色设计
责任校对:曾　婷
责任监印:朱　玢
出版发行:华中科技大学出版社(中国·武汉)　　　电话:(027)81321913
　　　　　武汉市东湖新技术开发区华工科技园　　　邮编:430223
录　　排:华中科技大学惠友文印中心
印　　刷:武汉开心印印刷有限公司
开　　本:850mm×1060mm　1/16
印　　张:13.75
字　　数:396 千字
版　　次:2021 年 12 月第 1 版第 1 次印刷
定　　价:49.80 元

总　　序

　　教育可理解为教书与育人。所谓教书,不外乎教给学生科学知识、技术方法和运作技能等,教学生以安身之本。所谓育人,则要教给学生做人道理,提升学生的人文素质和科学精神,教学生以立命之本。我们教育工作者应该从中华民族振兴的历史使命出发,来从事教书与育人工作。作为教育本源之一的教材,必然要承载教书和育人的双重责任,体现两者的高度结合。

　　中国经济建设高速持续发展,国家对各类建筑人才需求日增,对高校土建类高素质人才培养提出了新的要求,从而对土建类教材建设也提出了新的要求。这套教材正是为了适应当今时代对高层次建设人才培养的需求而编写的。

　　一部好的教材应该把人文素质和科学精神的培养放在重要位置。教材不仅要从内容上体现人文素质教育和科学精神教育,而且还要从科学严谨性、法规权威性、工程技术创新性来启发和促进学生科学世界观的形成。简而言之,这套教材有以下几个特点:

　　一方面,从指导思想来讲,这套教材注意到"六个面向",即面向社会需求、面向建筑实践、面向人才市场、面向教学改革、面向学生现状、面向新兴技术。

　　二方面,教材编写体系有所创新。结合具有土建类学科特色的教学理论、教学方法和教学模式,这套教材进行了许多新的教学方式的探索,如引入案例式教学、研讨式教学等。

　　三方面,这套教材适应现在教学改革发展的要求,即适应"宽口径、少学时"的人才培养模式。在教学体系、教材内容和学时数量等方面也做了相应考虑,而且教学起点也可随着学生水平做相应调整。同时,在这套教材编写时,特别重视人才的能力培养和基本技能培养,注意适应土建专业特别强调实践性的要求。

　　我们希望这套教材能有助于培养适应社会发展需要的、素质全面的新型工程建设人才。我们也相信这套教材能达到这个目标,从形式到内容都成为精品,为教师和学生,以及专业人士所喜爱。

中国工程院院士　王思敬

前　言

建房子一般需要三大专业的配合:建筑、结构、机电。本书主要涉及结构专业。

PKPM 是中国建筑科学研究院建筑工程软件研究所(现北京构力科技有限公司)研发的工程软件。中国建筑科学研究院建筑工程软件研究所是我国建筑行业最早开发应用计算机技术的单位之一。其以国家级行业研发中心、规范主编单位、工程质检中心为依托,技术力量雄厚。PKPM 没有明确的中文名称,一般直接读其英文字母。这个软件最早只有 PK(排架框架设计)和 PMCAD(平面辅助设计)两个模块,因此合称 PKPM。虽然现在 PK 模块使用频率大大降低了,但是软件名称还是沿用 PKPM。

结构设计的一般方法是:根据建筑专业提供的平面布置草图,在 PKPM 中使用 PMCAD 进行三维建模与数值输入,然后使用 SATWE 进行计算,最后使用 TSSD 结合计算结果来绘制结构专业的施工图。

随着市场经济的发展,建设行业的竞争日趋激烈,同时,随着现代工程建设项目规模的不断扩大,工程技术难度不断提升,工程对质量的要求也不断提高,建设领域的复杂程度和难度也越来越高,传统的设计方法与理念已无法适应工程建设项目的要求。国家已经将信息化建设提到前所未有的高度,各级政府部门和行业管理部门在工程行业信息化建设的宣传、推广方面做了大量的工作,制定了一系列合理、可行的实施方案和步骤,大力推动建筑企业信息化进程,推动高科技和施工企业管理的有效结合。

PKPM 也推出了相应的 BIM(建筑信息化模型,英文是 building information modeling)技术。PKPM 利用 BIM 成熟的数据存储、模型管理和基础操作功能,可快速创建结构模型。PKPM 结构模型是带信息量的,可以计算数据、生成施工图、导入算量软件计算工程量。同样,PKPM 结构模型可以运用 BIM 技术,可以导入 PKPM 自身的 BIM 平台或 Revit,也可以利用 IFC 与其他 BIM 软件进行图模联动,还可以通过链接或协同工作机制形成全专业模型。

本书特色

1. 配套大量高品质教学视频,提高学习效率

为了便于读者高效学习本书内容,作者专门为本书录制了大量高清教学视频(AVI 格式)。这些视频和本书涉及的模型文件等配套资源一起收录于本书配套学习资源中。

2. 结合经典案例进行讲解

本书以一个已经完工的带地下室的高层住宅楼为例,全程为读者讲解使用 PKPM 进行结构设计、使用 TSSD 绘制结构施工图的一般流程。

3. 提供完善的技术支持和售后服务

本书提供了专门的技术支持 QQ 群(群号:157244643),读者在阅读本书过程中有任何疑问都可以通过该群获得帮助。

本书配套学习资源

为了方便读者高效学习,本书特意为读者提供了以下配套学习资源:

◆ 大量同步教学视频(并配音讲解);

◆ 模型文件夹(PKPM 是以文件夹的形式保存档案的);

◆ 书中涉及的 DWG 文件；

◆ 书中涉及的 SKP 文件(可以直观地看整栋建筑的结构专业外观模型)。

本书配套学习资源获取方式

华中科技大学出版社官网(http://www.hustp.com)→资源中心→建筑分社→在搜索框中切换类别为"图书名称"，输入书名搜索本书信息，在"内容简介"中按照提示下载本书配套学习资源。

适合阅读本书的读者

◆ 从事建筑设计的人员；

◆ 从事结构设计的人员；

◆ 从事 BIM 咨询设计的人员；

◆ 土木工程、建筑学、工程管理、工程造价和城乡规划等相关专业的大中专院校学生；

◆ 房地产开发人员；

◆ 建筑施工人员；

◆ 工程项目管理人员；

◆ 工程造价从业人员；

◆ 建筑软件、三维软件爱好者；

◆ 需要一本案头必备查询手册的人员。

本书由卫老师环艺教学实验室卫涛、李容担任主编，由武汉华夏理工学院杨亨、武汉文理学院沈兵华、武昌首义学院胡高茜担任副主编，由杨金鹏、梁潇敏、荣力文、赵念文、彭玉枝、王承学领衔参编，参与本书编写工作的还有金伟音、廖晋方、张家铄、蒯冠如、余子健、徐振、曾攀宇、徐玮鸿、殷伟清、张旭涛、付京源、汪佳伟、王振、段愿、叶文杰、何显睿、蒋林恩、周传棋、李柯严、雷杭菲、蔡雅然、熊靓、余梦雪、王希成、范楚枫、吴宛祯、周雨晴、张婷婷、余欣、罗郁洁、周圣杰、黄俊喆、李行行、彭炯伦、李乐晗、陈日裔、张旭、吕帅锋、熊志伟、吴俊杰、蔡童、杜忠文、谭梓豪、曹逸阳、付先威、刘建瓴、向建升、陈志豪、胡舜、谢紫涵、王培悦、汤梦婷、余欣灵、胡倩、陈蕊、朱袁媛、姚明瑶、韩淑慧、刘晓霜、王佳怡、陈思涵。本书的编写承蒙卫老师环艺教学实验室全体同仁的支持与关怀！还要感谢出版社的编辑们在本书的策划、编写与统稿中所给予的帮助！

虽然我们对本书中所述内容都尽量核实，并多次进行文字校对，但因时间有限，书中可能还存在疏漏和不足之处，恳请读者批评指正。

卫涛

于武汉光谷

目　录

第1章 初步布置结构形式

结构设计是一门应用非常广的学科,几乎涉及工业与民用建筑领域的每一个方面。结构设计有完善的规范体系、成熟的计算理论、能经受工程实践检验的计算程序、充足的试验成果和大量的工程经验总结,还有概念设计等先进的设计思想。结构既是一种观念形态,又是物质的一种运动状态。"结"是结合之意,"构"是构造之意,合起来理解就是主观世界与物质世界的结合构造之意。结构在意识形态世界和物质世界得到广泛应用。优秀的结构设计应做到艺术性、技术性和经济性的三位一体,它是结构设计师对这三方面知识充分掌握和创造性应用的产物。结构设计师在完成建筑功能、建筑艺术性设计的同时,也应当兼顾建筑的安全性、适用性、耐久性和经济性。那么在建筑上结构又是什么呢?结构就是建筑物上承担重力或外力的部分构造。

本书针对刚跨入设计行业大门的结构设计师和初学者,通过类比和实例,力求把复杂的概念设计深入浅出地说深讲透。本书采用的操作和绘图方法简单实用,易于操作。

在下面的学习中会为大家介绍概念清晰、思路敏捷的结构设计与结构布置的方法。

1.1 建筑专业互提资料

房屋建筑设计的流程,便是各建筑类专业依次完成各自专业任务的过程。这些建筑类专业分别是:建筑、结构、给水、排水、采暖、空调、建筑电气等。本书主要介绍的是 PKPM 系列软件中专用于结构设计的模块。

建筑工程设计具有交叉作业、综合协调的特点。建筑设计师在依从总体规划的前提下,综合考虑各种内外因素,进行初步设计和施工图设计,再将资料提供给结构设计师,共同拟定工程参数。虽然建筑专业和结构专业各自的侧重点不一样,但各专业之间有着种种的必然联系,这就是建筑设计中的关键环节——互提资料(简称"提资")。

互提资料是工程设计过程中的重要环节,各专业间及时、认真负责、正确地互提资料是减少工程设计中出现错、漏、碰、缺,并保证设计质量的有效措施。专业间互提资料是通过专业间技术接口,实现设计输入的一个必要条件。

本书以一个实际工程为例,主要介绍了各种结构形式在设计过程中的主要流程。该工程的地下一层为停车库,裙楼为三层商铺,主楼为高层塔楼住宅,即城市中常见的高层综合体。

结构设计师进行的结构设计的第一步,即分析由建筑设计师提供的各项资料和初步设计图,通过初步设计图中的平面图、立面图、剖面图来判断建筑主体的结构体系,确定结构的主要材料。具体操作如下。

(1) 在天正建筑中打开建筑初步图。

建筑设计师为了便于作图及资料管理,将总平面图、各层平面图、剖面图、立面图及大样图根据内容及日期编号,存放在同一个文件夹中。在天正系列的建筑软件中,打开该工程的主要剖面图(1-1 剖面图),如图 1.1.1 所示。在图 1.1.1 中,可以观察到地下室、裙楼、塔楼的相应位置与对应的标高。

注意:初学者往往会打开建筑立面图来了解建筑纵向尺寸与标高,然而从立面图上并不能全面了解

图 1.1.1 1-1 剖面图

工程的纵向尺寸。因为从立面图中无法观察建筑内部的尺寸,更不可能观察到地下部分的形式。所以结构专业设计应同时参照建筑专业的剖面图与立面图。另外,图 1.1.1 中所示裙楼只是示意其位置,实际为主楼中与裙楼标高相同处的三层建筑。

(2) 打开建筑专业的立面图,从外立面上对整个建筑的形状及大概纵向尺寸进行了解,如图 1.1.2 所示。注意查看外立面有没有大块面的出挑、凹进、斜墙、弧墙等几何变化较大的位置,若有,则比照相

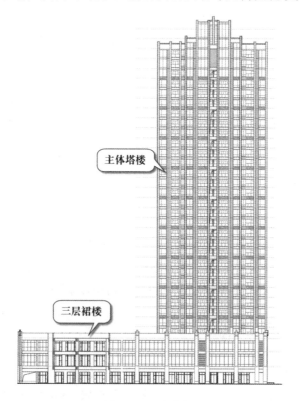

图 1.1.2 立面图

应的建筑平面施工图,看具体的尺寸数据,依照相应的结构规范,选定合适的结构处理方法,并做标记。

(3)打开标准层放大平面图,查看核心筒的位置、建筑平面形式,有无转角凸窗及带形窗等特殊构件,如图 1.1.3 所示。同时分析建筑平面图中是否有局部结构布置可重复的结构,若有,则可复制、粘贴使用,以减少工作量。

图 1.1.3　标准层放大平面图

注意:根据《建筑抗震设计规范》(GB 50011—2010)(以下简称《抗规》)和《高层建筑混凝土结构技术规程》(JGJ 3—2010)(以下简称《高规》)等结构规范规定,平面中的 X 方向和 Y 方向尺寸不宜差别过大(即最好是正方形);但从建筑专业采光、通风角度考虑,X 方向的尺寸会远远大于 Y 方向,这时建筑物会出现扭转,为了抵抗扭转,需将剪力墙大面积布置在 X 方向上。有经验的结构设计师从建筑平面形式中,可以初步判断剪力墙的位置与主要方向,在布置剪力墙时会省去很多反复校核的过程,减少工作量,进而节约时间。

1.2　设置地上部分主楼的结构形式

近年来,随着经济建设的发展和人口数量的增加,住房建设用地日趋紧张,新建高层建筑越来越高。为满足抗震等方面的要求,新的结构形式也在不断发展,其中剪力墙结构就广泛应用于高层住宅。因此,对高层住宅剪力墙结构的力学性能进行研究具有重要的理论与实践意义。

本节结合一个工程实例,使用 PKPM V5.2 版本"结构"下的"结构建模"建立计算模型;在正确选取结构参数的前提下,通过对剪力墙布置进行优化调整,对计算指标进行对比分析,得到较为合理的结构布置和动力性能;通过综合分析,探讨影响高层剪力墙结构设计的关键因素,结合规范的有关规定及设计经验,对剪力墙边缘构件等部分的构造设计问题进行总结,并提出建议。总之,依据整体结构的受力变形特征,在正确的概念设计指导下,进行深入的计算分析和采取恰当的构造措施,从而设计出具有良好抗震性能和经济性能的高层剪力墙结构。

高层建筑,顾名思义,是指层数较多、高度较高的建筑。但是,迄今为止,世界各国对多层建筑和高层建筑的划分界限并不统一。表 1.2.1 列出了部分国家和组织对高层建筑起始高度的规定。

从表中所列数据看,高层结构的主要特点体现在层数和高度上,但其实,高层结构的特点是水平荷载在设计中占主导地位。众所周知,建筑结构必定同时承受竖向荷载和水平荷载的作用,而当建筑结构层数较少或高度较低时,水平荷载产生的内力和位移影响较小,甚至可以忽略不计;随着层数或高度的增加,水平荷载的影响逐渐增大。因此在高层建筑中,水平荷载将成为主要控制因素,随着建筑的层数及高度的增长,荷载效应增大,结构的内力和位移也相应迅速增大。

表 1.2.1   部分国家和组织对高层建筑起始高度的规定

国家和组织名称	高层建筑起始高度
联合国	大于等于 9 层,分为四类: 第一类,9～16 层(最高到 50 m); 第二类,17～25 层(最高到 75 m); 第三类,26～40 层(最高到 100 m); 第四类,40 层以上(高度在 100 m 以上时,为超高层建筑)
美国	22～25 m 或 7 层以上
英国	24.3 m
中国	《建筑设计防火规范》(GB 50016—2014)(2018 年版):住宅建筑高度大于 27 m,非单层厂房、仓库和其他民用建筑高度大于 24 m
	《高规》:大于等于 10 层,住宅建筑高度大于 28 m,其他高层民用建筑高度大于 24 m

如表 1.2.1 所示,8 层以上的建筑都称为高层建筑。而目前,根据各结构规范条文规定,近 20 层的建筑称为中高层建筑,30 层左右接近 100 m 高的建筑称为高层建筑,而 50 层左右 200 m 以上高度的建筑称为超高层建筑。《高规》规定:10 层及 10 层以上或房屋高度大于 28 m 的住宅建筑和房屋高度大于 24 m 的其他高层民用建筑均称为高层建筑结构。

本书采用的实例包含了主楼和裙楼,本章将向大家介绍主楼的结构形式、主楼的结构如何布置以及布置时的注意事项。在以后的章节中会依据案例的实际情况进行详细说明。

1. 结构设计的基本要求

结构设计的基本要求:结构布置合理、传力途径清楚、计算方法得当、受力模型准确、图面表达清晰。

本章主要讲述以上几点在结构施工图中的反映。若能合理解决这几方面的问题,不仅可以高效、高质地绘制施工图,也可减少不必要的返工,提高效率。

结构平面布置图是所有结构施工图(上部结构)的基础,要把楼层上所有结构的布置、高差、标高、洞口、楼层的外周轮廓以简练无疑义的方式表达清楚。

2. 结构设计的注意事项

(1) 结构线与非结构线:框架结构中砖砌体的线是非结构线;砖混结构中砖砌体的线是结构线。外装修线(外挂石材线等)是非结构线,挑板线(包括线脚边线)是结构线。结构线应用实线,非结构线应用细线(条件图图层)甚至不用绘出。特殊的不重要的结构线,比如线脚边线,与梁线、翻边线等叠合较多,影响图面表达的部位,也可用细线或减少绘出。

(2) 结构平面图的剖断方向:自楼层上方向下看。剖断线、高差线、洞口线、边线、折板转折线,能看见的线用实线,结构布置线(普通梁、结构板带等)用虚线。

(3) 楼层标高应注出。斜屋面必要时可每根梁注标高,便于定梁高。

（4）梁的布置应尽量使传力途径清晰，减少多级次梁。例如，少出现 3 级次梁，避免出现 4 级次梁。

（5）避免多梁梁端汇于一点。拉通梁算一道，三道以上施工困难。如难以解决，应考虑局部降低梁面，减小梁高。

（6）考虑建筑空间要求和以后的装修改造要求，特别是住宅阁楼层、屋面层梁对下层的影响。结构平面布置图的梁对下层是有影响的。

（7）有些柱子因建筑空间要求有一个方向不能拉梁，各层应采取构造措施，如加厚楼板、增设板带。顶层和底层（二层）不影响空间的地方应把此梁加上。

（8）楼（电）梯间前室、过道、门厅的梁布置要考虑以后的装修。尽量避免采用对门和打破开敞空间的梁布置形式。住宅分户墙的梁，有条件的尽量不要直接加高，以便住户改造时打通两套房子。

（9）梁高确定：内部梁高尽量不超过边梁的梁高。梁高以整数或 50 模数为宜。

（10）住宅烟道最下层加筋不留洞。

（11）屋面檐沟，有梁穿越处应注明：梁穿檐沟处建筑面标高预埋 $\phi100$ 钢管过水孔。

（12）屋面女儿墙（混凝土）直线长度较长，应注明：每隔 12 m 设 20 mm 宽伸缩缝。屋面女儿墙（砌体）应注明：每 4 m 设构造柱，与墙顶混凝土压顶整浇。

（13）非混凝土墙的电梯间围墙设圈梁和构造柱，统一说明。

（14）大跨度屋面（非住宅部分）结构应找坡。

（15）屋面考虑绿化时应注明设计（活）荷载。对大跨度、重要部位或功能不确定部位应注明设计（活）荷载。

（16）荷载输入不要漏掉或忽略以下各项：局部挑板荷载；天井最下层楼板、露台保温层荷载、下面是房间的阳台板——都应视作屋面；阁楼层坡屋面下较高墙体。

注意：在结构设计注意事项的第（2）点中，楼梯剖断面位置可选择半楼层处；阁楼层（坡屋面）剖断面可选择近阁楼层处，剖到屋面斜板，且不影响阁楼层梁板布置的反映；其他特殊部位以能用最简练的图面准确反映梁板处理的制图方式为宜。

1.2.1　设置一层平面中的剪力墙

在高层建筑结构设计中，框架-剪力墙结构形式应用较为普遍。在框架结构中增设适当的剪力墙，二者通过楼盖协同工作，以满足建筑物的抗侧要求，从而组成了框架-剪力墙结构体系。它的布置方式非常灵活，在对建筑物的使用功能影响不大的情况下，结构的抗侧向刚度和极限承载力都有明显提高，可见这种结构体系兼有框架结构体系和剪力墙结构体系的优点。剪力墙结构体系是利用建筑物墙体作为建筑物的竖向承载结构，并用它抵抗水平力的一种结构体系，其侧向刚度大、整体性好、用钢量较省，缺点是自重较大。剪力墙间距一般为 3~5 m，这就使得平面布置的灵活性受到限制，但是其具有良好的抗侧性、整体性和抗震性能，可用来建造较高的建筑物。

本章会为大家详细地介绍剪力墙的设置。

以下根据《高规》与《抗规》的内容，为大家简单介绍剪力墙的布置原则。

（1）剪力墙宜均匀布置在建筑物的周边、楼梯间、电梯间处，在平面形状变化和恒载较大的部位，剪力墙的间距不宜过大。

（2）平面形状凹凸较大时，宜在凸出部分的端部附近布置剪力墙。

（3）纵、横剪力墙宜组成 L 形、T 形和槽形等形式。

（4）单片剪力墙底部承担的水平力不宜超过结构底部总水平剪力的 40%。

(5)剪力墙宜贯通建筑物的全高,避免刚度突变;剪力墙开洞时,洞口宜上下对齐。

(6)楼(电)梯间等竖井宜尽量与邻近的抗侧力结构结合布置。

(7)抗震设计时,剪力墙的布置宜使结构各主轴方向的侧向刚度接近。

(8)长矩形平面或平面有一部分较长的建筑中,剪力墙布置时,横向剪力墙沿长方向的间距应满足表 1.2.2 的要求。

表 1.2.2　剪力墙间距　　　　　　　　　　　　　　　　　　单位:m

楼盖形式	非抗震设计(取较小值)	抗震设防烈度		
		6 度,7 度(取较小值)	8 度(取较小值)	9 度(取较小值)
现浇	5.0B,60	4.0B,50	3.0B,40	2.0B,30
装配整体	3.5B,50	3.0B,40	2.5B,30	—

注:表中 B 为剪力墙之间的楼盖宽度(m)。

剪力墙分平面剪力墙和筒体剪力墙。平面剪力墙用于钢筋混凝土框架结构、升板结构、无梁楼盖体系中。为增加结构的刚度、强度及抗倒塌能力,在某些部位可现浇或预制装配钢筋混凝土剪力墙。现浇剪力墙与周边梁、柱同时浇筑,整体性好。筒体剪力墙用于高层建筑、高耸结构和悬吊结构中,由电梯间、楼梯间、设备及辅助用房的间隔墙围成,筒壁均为现浇钢筋混凝土墙体,其刚度和强度较平面剪力墙高,可承受较大的水平荷载。在结构布置中,剪力墙的布置有很多必须遵守的原则和很多需要注意的问题,在后面的内容中,大家会逐步了解剪力墙布置具体有哪些重要原则和需要注意哪些问题。下述内容,即向大家介绍在 TSSD 中布置剪力墙应该怎么操作。

双击桌面上的图标,启动 TSSD 后,会出现一个类似于 AutoCAD 的工作界面:程序将屏幕划分为右侧菜单区、上侧的下拉菜单区、下侧的命令提示区、中部的图形显示区和工具栏五个区域,如图 1.2.1 所示。

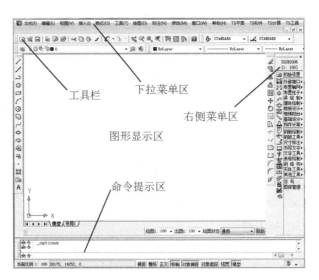

图 1.2.1　TSSD 工作界面

◇ 下拉菜单区:由文件、显示、工作状态管理及图素编辑等工具组成。单击任一主菜单,便可以得到它的一系列子菜单。

◇ 右侧菜单区：右侧菜单区为快捷菜单，提供某些命令的快速执行按钮。右侧菜单区是由名为WORK. MNU 的菜单文件支持的。

◇ 命令提示区：在屏幕下侧是命令提示区，一些数据、选择和命令可以由键盘在此输入，如果用户熟悉命令名，可以在"输入命令"的提示下直接输入一个命令而不必使用菜单。所有菜单内容均有与之对应的命令名，这些命令名是由名为 WORK. ALI 的文件支持的。

◇ 图形显示区：TSSD 界面上最大的空白窗口便是图形显示区，是用来绘图和操作的地方。可以利用图形显示及观察命令，对视图在绘图区内进行移动和缩放等操作。

◇ 工具栏：TSSD 界面上也有与 AutoCAD 中相似的工具栏图标，它主要包括一些常用的图形编辑、显示等命令，方便视图的编辑和观察操作。

双击图标，打开上面所需要的建筑平面图。在布置平面结构之前要先创建一个块，在打开的绘图界面任意处绘制一个矩形，在 TSSD 的下拉菜单中有一个"绘图"的工具栏，依次点击屏幕下拉菜单中的"绘图"→"块"→"创建"按钮，即可出现下列操作界面，如图 1.2.2 所示。

出现上述操作界面后，依次根据图 1.2.2 中标示的序号，来操作定义块：在命名区，为即将定义的块取定一个名称"1"，单击"选择对象"，选择所绘制的矩形，然后单击"确定"按钮，即创建了一个名称为"1"的新块。

在绘图区，双击名称为"1"的块，会出现如图 1.2.3 所示的界面，单击"确定"按钮，即可进入"参照编辑"窗口，进行块编辑。

图 1.2.2　块定义

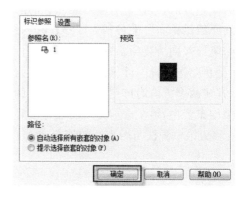

图 1.2.3　参照编辑

注意：块是由一个或多个对象组成的对象的集合体。将对象的集合体定义成块后就可以将这个对象的集合体视为一个单一的对象，若面对的对象集合体是单一的对象时，就可以对它进行旋转、平移、比例缩放等操作。双击定义好的块，绘图界面区颜色会变暗，此时可开始布置。在绘制一套图时，为了体现图形的规范性，所有对象都应该是一致的。为了避免在不同的图中重复绘制这些通用的部件，AutoCAD 提供了"定义块"及"写块"的功能，定义好块后，可以将它写入计算机中保存，进而应用到当前图形或其他图形中，从而提高绘图的准确性和绘图速度，这是使用块的一个好处。在使用块时，图形中可只保留一个块的定义及对其他若干块的引用，即可减小图形文件占用图纸空间的大小，这是使用块的另一个好处。但是，块是一组对象的集合体，定义好块后就无法修改块中的对象，如果要对其进行修改，就必须先将其拆成独立的对象，然后进行修改，修改结束后，可以再将这一组对象重新定义成块，并且赋予新的块名。否则，AutoCAD 会自动根据块修改后的定义，来更新块中所有的引用。若图纸空间中多次使用了同一个块，但需要更改的只是其中的一个时，一定要严格按照上述方法操作。

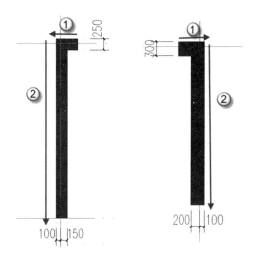

图 1.2.4   剪力墙布置示意图

定义好块后,开始绘制剪力墙。剪力墙的绘制比较简单,与 AutoCAD 中绘制多段线的方法有很多相同之处。双击定义好的块,界面颜色变暗,即可开始操作。TSSD 是以 AutoCAD 为平台而发展的,其中的一些快捷键和操作方式与 AutoCAD 有异曲同工之处。下面的学习中会为大家介绍剪力墙的布置。在 TSSD 的命令栏中根据命令提示输入"PL"命令,确定起点,按下"Enter"按钮,根据命令提示,按下"W"按钮,选择设置宽度,输入所需要布置的剪力墙的宽度,按如图 1.2.4 所示箭头指示的方向来布置。其操作与 AutoCAD 中的绘制多段线的方法一致,如图 1.2.4 所示。

注意:应根据结构规范中剪力墙布置的要求,来确定剪力墙布置的位置以及剪力墙的宽度。一道剪力墙的两边与其定位轴线之间的距离可能不一致;在同一个结构布置平面中,剪力墙的宽度也可能不一致,但是在剪力墙的布置中仍必须严格遵循布置原则。

带色图块所代表的剪力墙,仅仅是一层结构布置平面中的一部分。在布置剪力墙时有很多应遵守的原则,例如图 1.2.4 所示的剪力墙是从两个不同方向来布置的,布置的剪力墙宽度也不同。若要确定剪力墙的宽度,必须熟悉《高规》和《抗规》中的相关规定,在下面的学习中会结合实例来为大家讲述剪力墙宽度的确定方法、布置剪力墙时要注意的问题,以及剪力墙布置时所要遵循的规范等。同时,也会为大家详细介绍结构布置中各剪力墙布置时的绘制方法。在布置剪力墙时须注意的问题很多,由于剪力墙结构中全部竖向荷载和水平荷载都由剪力墙承受,所以一般应沿建筑物的主要轴线方向,进行双向布置,特别是在要进行抗震计算的结构中。因而,在布置剪力墙时,应避免采用仅单向有墙的平面结构布置形式,宜使两个方向的抗侧向刚度接近或两个方向的自振周期相近。

在结构布置中,须注意剪力墙与柱连接时的问题。另外,柱与剪力墙的绘制也应有先后次序,如图 1.2.5 所示为第一种柱与剪力墙的连接方式。

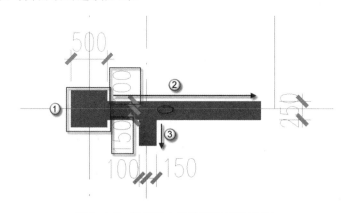

图 1.2.5   柱与剪力墙的连接示意图(1)

上述的剪力墙与柱的布置并没有轴线对中,而是根据结构的需要来布置。可根据图 1.2.5 所示的序号及箭头方向来绘制剪力墙。

暗柱的设置可以有效提高剪力墙平面外承载力,暗柱宽度对剪力墙平面外承载力的影响,只有当承载力达到一定值以后才能体现出来,否则仅仅会体现在应力最大值的差异上。合理的暗柱宽度能够保证其承载力,同时也有利于墙体内部应力的均匀分布,但是一味增加暗柱宽度对于提高剪力墙平面外承载力的效果并不明显。所以,工程中暗柱宽度的选择既要符合受力要求又要满足经济要求。在暗柱厚度取为墙厚的情况下,暗柱的宽度取梁宽的1.5倍,便可满足受力要求。对钢筋和混凝土分别建模,非线性数值计算结果和实验结果符合较好,可以利用 ANSYS 对梁墙节点平面外的承载力进行精细分析。如图 1.2.6 所示为第二种柱与剪力墙的连接方式。

不同的平面位置处剪力墙与柱的连接方式都不一样,如图 1.2.7 所示为第三种柱与剪力墙的连接方式。

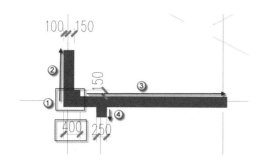

图 1.2.6　柱与剪力墙的连接示意图(2)

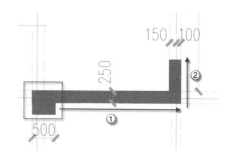

图 1.2.7　柱与剪力墙的连接示意图(3)

结构中剪力墙与柱的连接方式有很多种,上述仅仅为其中的几种,应根据结构的需要来确定剪力墙与柱的连接方式,其绘制方法与上述绘制方法一致。

根据结构的要求来布置剪力墙,在布置中要以结构的原则(安全、经济)来考虑,在剪力墙的布置中根据结构的要求来控制柱的尺寸以及剪力墙的宽度。图 1.2.6 和图 1.2.7 中柱的截面尺寸不相同,必须根据结构的要求来决定剪力墙与柱的连接方式。图 1.2.6 中剪力墙在接近柱中轴处,图 1.2.7 中剪力墙的外边线与柱的外边线对齐,应根据结构的需要,以及剪力墙和柱的布置原则来决定两者的连接方式。

在绘制剪力墙的过程中可以在遵循绘制原则的情况下使用更简单的方法,以节省时间,如图1.2.8所示。

在绘制剪力墙的过程中,有些地方的剪力墙是对称的,如图 1.2.8 所示。根据剪力墙布置原则确定剪力墙的布置位置以及剪力墙的宽度,剪力墙的布置中宽度会不一样,要根据地方的不同来确定剪力墙的宽度,在布置中要随时改变剪力墙的宽度。标号为①的剪力墙宽度为 250 mm,标号为②的剪力墙宽度为 200 mm,在布置中要改变宽度。绘制剪力墙的操作方法是 AutoCAD 中绘制多段线的方法,在命令栏中输入"PL"命令,按下"Enter"按钮,根据命令栏中的提示输入剪力墙的宽度,按下"W"按钮,输入剪力墙的宽度 250 mm,按下"Enter"按钮,①号剪力墙即绘制完成。在绘制②号剪力墙时,操作步骤与上述一致,在输入剪力墙宽度时改为 200 mm,在绘制③号剪力墙时将剪力墙的宽度改为 250 mm。根据上述剪力墙绘制方法,根据标号依次绘制剪力墙,在图 1.2.8 所示方框内剪力墙绘制完成后,可以根据在 AutoCAD 中镜像的操作方法来绘制下面的剪力墙,单击下拉菜单中的"镜像"命令,选择方框内的剪力墙,捕捉上述标注的捕捉点(中点),绘制下面的剪力墙,这样可以节省很多时间。在绘制剪力墙的过程中,要注意观察,对于相似的剪力墙可以通过"复制""旋转"等命令得到,如图 1.2.9 所示。

对于相似的剪力墙,除了镜像的方法,还可以运用旋转命令。在根据上面所讲的绘制剪力墙的方

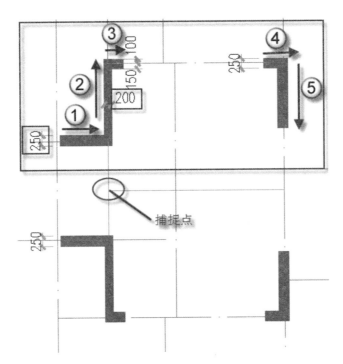

图 1.2.8　剪力墙的简便布置方法示意图(镜像)

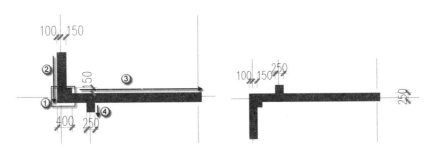

图 1.2.9　剪力墙的简便绘制方法示意图(旋转)

法,按上面标号所示的顺序将剪力墙绘制完成后,单击下拉菜单"修改"栏中的"复制"命令,将绘制好的剪力墙进行复制,移到界面的空白处,对剪力墙进行旋转。单击下拉菜单"修改"栏中的"旋转"命令,选择绘制好的剪力墙,根据命令栏的提示,输入需要旋转的角度,在命令栏中输入"180",按下"Enter"按钮,会得到图 1.2.9 右边所示的剪力墙。将旋转后的剪力墙进行移动,移到所需要布置的地方。在进行移动的过程中,可以直接在命令栏中输入"M"命令,按下"Enter"按钮,也可以直接单击下拉菜单"修改"栏中的"移动"命令,将旋转后的剪力墙移到需要布置的地方。在结构布置中,剪力墙需要旋转的角度有所不同,如图 1.2.10 所示。

对于上面两个相同的剪力墙,根据上面所讲的剪力墙绘制方法,按照标号及箭头所示的方向绘制好左边的剪力墙,经过"旋转"及"镜像"的命令变换后得到图 1.2.10 右边所示的剪力墙。与图 1.2.8 所示的剪力墙绘制方法一致,在绘制好图 1.2.10 左边所示的剪力墙后,在下拉菜单"修改"栏中单击"旋转"命

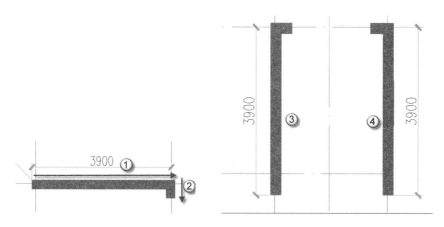

图 1.2.10　经过两种变换的剪力墙绘制示意图

令,在命令栏中输入旋转的角度"90",按下"Enter"按钮,得到图 1.2.10 中的③号剪力墙(TSSD 是在 AutoCAD 的基础上开发的,绘制③号剪力墙可以直接在命令栏中输入"RO"命令,根据命令栏的提示,输入所需要旋转的角度"90",按下"Enter"按钮,同样可以得到③号剪力墙)。在得到③号剪力墙后,单击下拉菜单中的"修改"栏中的"镜像"命令,捕捉两者的中点(在 TSSD 中也有简便方式,在命令栏中输入"MI"命令,根据命令栏中的提示,捕捉两者的中点,进行镜像),即可以得到④号剪力墙的示意图。

　　注意:在绘制剪力墙时,两个剪力墙可以经过镜像命令得到,注意镜像时要捕捉两者的中点。

　　对于普通的剪力墙墙肢,若不能经过变换得到,则需要按步骤绘制:在命令栏中输入"PL"命令,按下"Enter"按钮,输入"W"命令,再输入所需要的剪力墙墙肢的宽度,按下"Enter"按钮即可,如图1.2.11 所示。

　　在剪力墙墙肢布置时,楼梯处的剪力墙布置是尤其应该注意的地方。不宜将楼面主梁直接支承在剪力墙之间的连梁上。因为一方面主梁端部约束达不到要求,连梁没有抗扭刚度去抵抗平面外弯矩;另一方面对连梁本身不利,连梁本身剪切应变较大,容易出现裂缝。在布置时,楼梯处的剪力墙也要尤其注意,其布置形式以及布置宽度也有要求。根据结构的需要以及每个位置的承载力确定剪力墙墙肢的厚度,楼梯处的剪力墙墙肢因为承载力的不同,布置的方式也不一样,应根据每个地方的需要来布置剪力墙墙肢,如图 1.2.12 所示。

　　在剪力墙墙肢布置时,会发现部分墙肢不是沿轴线对中布置的(墙肢边线与其对应轴线之间的距离有可能不同),需要根据结构的详细情况来确定。图 1.2.12 所示为电梯间靠近楼梯处,①号和④号剪力墙处于轴线的中间位置,②号与③号剪力墙不在轴线的中间位置,剪力墙墙肢与轴线的位置关系需要根据楼梯的承载力来确定。

　　在同一个结构布置平面中,剪力墙墙肢的宽度也会不同。①号与④号剪力墙墙肢的宽度为 200 mm,②号与③号剪力墙墙肢宽度为 250 mm,剪力墙墙肢的截面尺寸须根据《高规》和《抗规》的有关规定来选择,剪力墙的墙肢截面尺寸在满足承载力要求的同时尽量节约,既可以减小建筑的自重,也可以节约成本。以上是纵向交通区客用电梯的剪力墙布置,剪力墙墙肢构造要求会对剪力墙的布置有一定的影响,根据箭头所指方向按步骤依次绘制相应剪力墙墙肢。其主要绘制方法与前述大致相同。在命令栏中输入"PL"命令,按下"Enter"按钮(命令提示栏中会出现相应的提示,按照提示步骤操作),捕捉

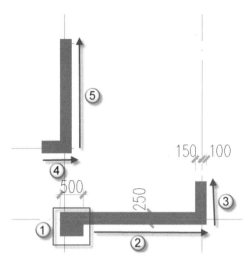

图 1.2.11　普通剪力墙绘制示意图

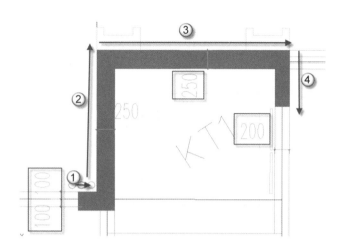

图 1.2.12　客用电梯处剪力墙墙肢布置

所要绘制的剪力墙的起点,按下"W"按钮,根据确定的剪力墙墙肢截面尺寸,在命令栏中输入剪力墙墙肢宽度 200 mm,按下正交命令"F9",选择正确的方向,输入墙肢长度,即可绘制出所需要的剪力墙。如图 1.2.12 所示,②号剪力墙墙肢宽度与①号剪力墙墙肢宽度不同,可以在绘制过程中,将输入的墙肢宽度改为 250 mm,然后按步骤依次绘制。

　　高层纵向交通区消防电梯的剪力墙墙肢布置与客用电梯有所不同,如图 1.2.13 所示。消防电梯处的剪力墙墙肢方向与客用电梯处的剪力墙墙肢方向有很大区别,虽然二者在同一个结构平面上,但是每处墙肢所承受的竖向承载力不同,剪力墙墙肢的截面选择和方向也不尽相同,虽然消防电梯与客用电梯中的剪力墙墙肢有所区别,但是两处的剪力墙绘制方法一致。

　　同时,楼梯处的剪力墙又有不同,布置底层剪力墙时要避开上部墙体洞口,若具体执行时实在难以避开(例如楼梯间入户门等),那么应采取在上部洞口两侧增加构造柱等加强措施,以更好地传递地震力。对个别剪力墙未能与上层砖墙对应者,应设法加大底层与二层转换层之间楼板的平面内刚度,例如加厚楼板、增加配筋率、双向双层配筋等。相交主要是指剪力墙应尽量布置成 L 形和 T 形,以使它们相互支撑,增大每片单肢墙的平面外刚度,增强抗扭性,如图 1.2.14 所示。

　　结构布置中,楼梯的位置不同,所承受的力不同,其剪力墙布置的方式和位置以及数量都会不同,如图 1.2.15 所示。其布置方式与上述一致,根据图 1.2.15 中的箭头方向绘制剪力墙。在结构中楼梯设置在不同的地方,有的需要布置剪力墙,有的可以直接用柱代替,如图 1.2.16 所示。

　　要了解结构中剪力墙的布置原则以及剪力墙布置的数量和方式,有的需要查找规范,有的需要在学习中慢慢积累。在下面的学习中会为大家讲述剪力墙布置的位置以及数量。因为电梯间和楼梯间没有楼板作为横隔,其侧向刚度比有板部位弱,当其侧向刚度达不到设计规范要求时,一般布置剪力墙来增强。

　　注意:剪力墙宽度不一样,要随时改变"PL"中宽度的设置,其设置方式与在 AutoCAD 中画多段线时改变宽度的方式一致。

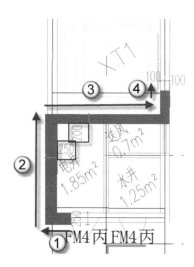

图1.2.13 消防梯处剪力墙布置

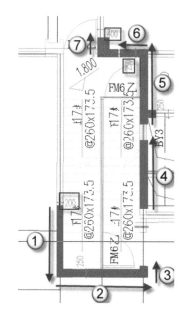

图1.2.14 ②号楼梯处剪力墙布置

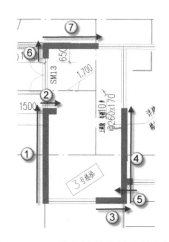

图1.2.15 ③号楼梯处剪力墙布置

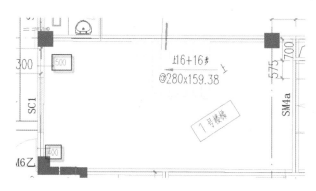

图1.2.16 ①号楼梯处剪力墙布置

1. 剪力墙的位置

（1）遵循均匀、分散、对称和周边的原则。

（2）剪力墙应沿房屋纵横两个方向布置。

（3）剪力墙宜布置在房屋的端部附近、平面形状变化处、恒荷载较大处以及楼（电）梯处。

（4）在平面布置上尽可能均匀、对称，以减小结构扭转。不能对称时，应使结构的刚度中心和质量中心接近。

（5）在竖向布置上应贯通房屋全高，使结构上下刚度连续、均匀。

（6）布置成单片形（不少于三道，长度不超过8 m）、L形、槽形、工字形、十字形或筒形最佳，$H/L \geqslant 2$。

（7）洞口布置在截面中部，避免布置在剪力墙端部或柱边。

2. 剪力墙的间距

为了保证楼(屋)盖的侧向刚度,避免在水平荷载作用下楼盖平面内弯曲变形,应控制剪力墙的最大间距。

3. 剪力墙的数量

剪力墙的数量与结构体型、高度等有关。从抗震性角度考虑,在一定范围内数量越多越好;从经济性角度考虑,数量太多会使结构刚度和自重变大,地震力和材料用量增加,造价提高,基础设计困难。因此,剪力墙数量应适宜,只需满足侧向变形的限值即可。(决定剪力墙的数量的原则是:规范要求剪力墙承受的第一振型底部地震倾覆力矩不宜小于结构总底部地震倾覆力矩的 50%。)

注意:成片的剪力墙最好对称布置,必须遵循均匀、分散、对称、周边的原则,因为在地震时全靠它抵抗地震剪力。

需要开洞的地方,对剪力墙布置也有很多要求,根据剪力墙的布置原则以及剪力墙的宽度来绘制剪力墙,如图 1.2.17 所示。

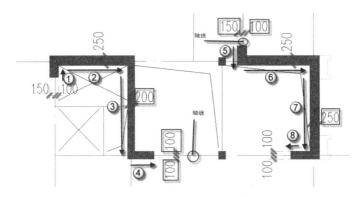

图 1.2.17　开洞处的剪力墙布置

剪力墙绘制的方法:在命令栏中输入"PL"命令,按下"Enter"按钮,根据命令提示按下键盘上的"W"按钮,根据结构需要以及剪力墙在开洞处的布置原则确定剪力墙的宽度,输入所需要的宽度250 mm。若剪力墙的宽度不一样,要更改剪力墙的宽度,按下"Enter"按钮。

在剪力墙布置完成后要记得随时保存,在绘制剪力墙时界面一直比较暗,其中也一直有"参照编辑"菜单栏出现,如图 1.2.18 所示。在结构的剪力墙布置完成后,单击"参照编辑"中的右下角的"将修改保存到参照",会有如图 1.2.19 所示的菜单栏出现。单击"确定",对所布置的剪力墙进行保存。

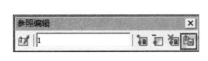

图 1.2.18　参照编辑

图 1.2.19　保存菜单栏对话框

上述方法只是布置剪力墙的一种方法,在下面的学习中会为大家讲述更多的剪力墙布置的方法。

剪力墙布置还要注意剪力墙与梁之间的关系,后面会讲到梁布置,这里先了解一些剪力墙与梁之间的联系。

（1）剪力墙周边应设置端柱和梁作为边框，端柱截面尺寸宜与同层框架柱相同，且应满足框架柱的要求；当墙周边仅有柱而无梁时，应设置暗梁，其高度可取 2 倍墙厚，如图 1.2.20 所示。

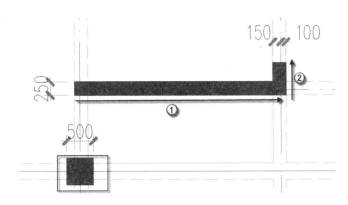

图 1.2.20　剪力墙中设置暗梁示意图

剪力墙按照图 1.2.20 所示标号以及箭头所指方向一一绘制，注意剪力墙的宽度以及与轴线之间的距离。

（2）剪力墙开洞时，应在洞口两侧配置边缘构件，且洞口上、下边缘宜配置纵向构造钢筋。

框架结构中抗震墙的厚度不应小于 160 mm，且不应小于层高的 1/20，底部加强部位的抗震墙厚度不应小于 200 mm，且不应小于层高的 1/16，抗震墙的周边应设置梁（或暗梁）和端柱组成的边框；端柱截面宜与同层框架柱相同，并应满足框架柱的要求；抗震墙底部加强部位的端柱和紧靠抗震墙洞口的端柱宜按柱箍筋加密区的要求沿全高加密箍筋。底部的钢筋混凝土抗震墙，其截面和构造应符合下列要求。

抗震墙周边应设置梁（或暗梁）和边框柱（或框架柱）组成的边框；边框梁的截面宽度不宜小于墙板厚度的 1.5 倍，截面高度不宜小于墙板厚度的 2.5 倍；边框柱的截面高度不宜小于墙板厚度的 2 倍。与剪力墙重合的框架梁可保留，也可做成宽度与墙厚相同的暗梁，暗梁截面高度可取墙厚的 2 倍或与该片框架梁截面等高，暗梁的配筋可按构造配置且应符合一般框架梁相应抗震等级的配筋要求。《民用建筑工程设计常见问题分析及图示（混凝土结构）》（05SG109-3）规定：带边框的剪力墙，应保留框架柱，位于楼层标高处的框架梁也应保留（或做暗梁）；剪力墙宜按工字形设计，其端部的纵向受力钢筋应配置在边框柱截面内，边框柱截面宜与该榀框架其他柱的截面相同。边框柱应符合有关框架柱的构造规定：剪力墙底部加强部位的边框柱的箍筋宜沿全高加密，当带边框剪力墙的洞口紧邻边框柱时，边框柱的箍筋宜沿全高加密。

因此，一字形普通剪力墙最好加边框，楼层处加暗梁。在剪力墙结构楼面处加暗梁是经常采用的做法，但不论是否加边框，剪力墙顶必须设置暗梁。

各规范对剪力墙设计暗梁的规定都是针对框架-剪力墙结构的，也就是说纯剪力墙结构设不设暗梁并没有相关的明文规定。因此要从结构原理方面来理解。为什么加暗梁？暗梁主要起到拉结作用，增强结构整体性，提高抗震性能。而框架-剪力墙，特别是有边框的剪力墙，轴力主要集中在端柱部分，由于偶尔存在偏心，端柱之间需要比较大的拉结力，所以才明文规定设置暗梁。但是纯剪力墙结构，轴力在墙里面是均匀分布的，那么两边缘构件直接连接，无须较大的拉结力。所以除了屋面有暗梁，其他部位可以不设置暗梁。承担竖向荷载的受弯构件,如单梁、框架梁、连梁等梁类构件,都有这样的功能。但有些以梁命名的构件不完全具备这样的功能,其中之一就是暗梁。剪力墙设计与框架柱及梁类构件设计有显著区别:柱、梁构件属于杆类构件,剪力墙水平截面的长宽比比杆类构件的高宽比要大得多;柱、梁构件的内力基本上逐层、逐跨呈规律性变化,而剪力墙的内力基本上呈整体变化,与层关联的规律性不明显。剪力墙本身特有的内力变化规律与抵抗地震作用时的构造特点,决定了必须在其边缘部位加强配筋,以及在其楼层位置根据抗震等级要求加强配筋或局部加大截面尺寸。此外,连接两片墙的水平构件功能也与普通梁有显著不同。为了表达简便、清晰,将剪力墙分为剪力墙柱、剪力墙墙身和剪力墙梁三类构件分别表达。归入剪力墙梁的暗梁不是普通概念的梁,因为暗梁不可能脱离整片剪力墙独立存在,也不可能像普通概念的梁一样独立受弯变形,事实上暗梁根本不属于受弯构件,虽然其配筋都是由纵向钢筋和箍筋构成,绑扎方式与梁基本相同,但是暗梁与剪力墙墙身的混凝土和钢筋完整结合在一起,因此暗梁实质上是剪力墙在楼层位置的水平加强带。此外,归入剪力墙梁中的连梁虽然属于水平构件,但其主要功能是将两边剪力墙连接在一起,当抵抗地震作用时使两片连接在一起的剪力墙协同工作。暗梁与剪力墙垂直钢筋、水平钢筋的位置关系:剪力墙垂直钢筋应在暗梁纵筋外侧连续贯通,楼层上下层的垂直分布钢筋不考虑在暗梁内锚固;剪力墙水平分布钢筋在暗梁箍筋外侧连续设置,与暗梁纵筋在同一水平高度的一道水平分布钢筋可不设;当设计人员对暗梁单独配置了侧面纵筋时,则剪力墙水平钢筋仅布置到暗梁底部位置,暗梁箍筋外侧布置暗梁的侧面纵筋。

1.2.2　设置一层平面中的梁

改革开放以来,随着我国经济的迅猛发展,建筑业发展迅速,设计思想也在不断更新。钢筋混凝土框架结构就是符合社会发展要求的一种结构,目前应用广泛,但其结构设计中还存在许多问题。框架结构是由梁、柱构件组成的空间结构,既承受竖向荷载,又承受风荷载和地震作用,因此,必须设计成双向结构体系,并且应具有足够的侧向刚度,以满足相关规范、规程对楼层层间最大位移与层高之比的限制。由于框架的平面布置灵活,可以最大限度地满足使用要求,所以在高度和层数合理的情况下,框架结构能够提供较大的建筑空间。

1. 梁的分类

梁按照结构力学属性可分为静定梁和超静定梁。静定梁有简支、外伸梁、悬臂梁、多跨静定梁(房屋建筑工程中很少用,路桥工程中有使用);超静定梁有单跨固端梁、多跨连续梁。

梁按照结构工程属性可分为框架梁、剪力墙支承的框架梁、内框架梁、砌体墙梁、砌体过梁、剪力墙连梁、剪力墙暗梁、剪力墙边框梁。

梁按照其在房屋的不同部位,可分为屋面梁、楼面梁、地下框架梁、基础梁。

梁依据截面形式,可分为矩形截面梁、T 形截面梁、十字形截面梁、工字形截面梁、匚形截面梁、口形截面梁、不规则截面梁。

梁依据梁宽与梁高的不同比值,可分为深梁、宽扁梁。

梁依据与板的相对位置,可分为正梁、反梁。

梁依据与梁之间的搁置及支承关系,可分为主梁和次梁。

非梁但称谓带"梁"字的构件有单桩承台梁、多桩承台梁、基础砌体圈梁、砌体圈梁。这些类梁构件,仅仅在称谓上带个"梁"字,不是以弯曲变形为主,不是力学意义上的受弯构件。

注意:一根具体的梁出现于工程项目中,应当是上述多种属性的叠加。

各梁之间也有一些联系,正是这些特殊关系使各种梁都能运用到结构中,使其相互连接,相互在结构中发挥作用。连梁是指两端与剪力墙相连且跨高比小于 5 的梁。基础拉梁是指两端与承台或独立柱基相连的梁,与次梁的相同之处在于基础拉梁也是没有抗震要求的,基础拉梁的箍筋也没有加密区和非加密区的要求。框架梁是指两端与框架柱相连的梁,或者两端与剪力墙相连但跨高比不小于 5 的梁。次梁是指两端搭在框架梁上的梁。基础梁简单说就是基础上的梁。基础梁一般用于框架结构、框架-剪力墙结构,框架柱落于基础梁上或基础梁交叉点上,其主要作用是作为上部建筑的基础,将上部荷载传递到地基上。基础梁作为基础,具有承重和抗弯功能,一般基础梁的截面较大,截面高度建议取1/6~1/4 跨距,这样基础梁的刚度很大,可以起到基础的效果,其配筋由计算确定。基础梁断面一般做成梯形。当布置的转换梁支撑的上部结构为剪力墙的时候,转换梁称为框支梁,支撑框支梁的就是框支柱。暗梁的位置使它完全隐藏在板类构件或者混凝土墙类构件中,这是它被称为暗梁的原因。暗梁的钢筋设置方式与单梁和框架梁类构件近似。下面为大家介绍 TSSD 中梁的布置方法。梁的布置方法与剪力墙的布置方法大同小异。

在 TSSD 中,梁线被分为主梁、次梁,墙线被分为混凝土墙(承重墙)、隔墙(填充墙)。在绘图中当梁与梁、墙与墙、墙与梁相交时,程序会自动处理其交线,为了符合结构专业的设计要求,规定了相交处理的优先等级:混凝土墙→主梁→次梁→隔墙。

2. 梁、墙线相交的处理规则

断开同级或优先级低的梁、墙线,同时被同级或优先级高的梁、墙线断开,优先级高的梁、墙线在相交处不断开。例如,在绘制一根主梁时,如果次梁、隔墙与它相遇,则次梁、隔墙会在相交处被断开;如果是主梁与它相遇,则两根主梁在相交处均断开;如果是混凝土墙与它相遇,则主梁会在相交处断开,混凝土墙不断开。

另外梁、墙均用双线绘制,在对话框中可直接输入梁、墙的宽度及偏心情况,选择绘制类型(主梁、次梁或混凝土墙、隔墙)、线型(虚线及实线)。前面已经介绍了剪力墙的布置,在剪力墙布置完成后,开始进行梁的布置,双击所定义的块,直到 TSSD 界面变暗,在剪力墙的基础上开始布置梁。在进行梁布置之前要先确定主梁和次梁的截面尺寸。

定义好块后,单击右侧菜单区的"梁绘制"中的"画直线梁",会出现如图 1.2.21 所示的界面。

根据规范以及结构布置中梁的截面尺寸的要求确定好梁的截面尺寸后,开始绘制梁的布置图。图 1.2.22 所示为结构中所布置的梁,仅为结构中的一部分。

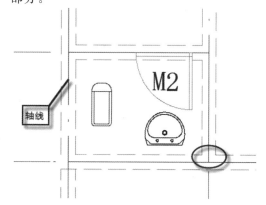

图 1.2.21　主梁的绘制菜单　　　　　**图 1.2.22　卫生间梁的结构布置图**

在结构布置中,梁一般距离轴线两边的距离相等,在确定了梁的宽度后可以根据轴线来布置梁,虚线所示为梁的结构布置示意,梁中间的点画线为轴线。

注意：梁与梁之间是相互连接的，不能断开。

有剪力墙的结构中梁的画法以及注意事项，如图1.2.23所示。

①处梁直接贯穿了剪力墙；②处在剪力墙处断开了。剪力墙与梁之间的连接可以查询一些规范，也可以由经验得知。

在梁的布置中，梁的宽度会不一样，如图1.2.24所示。要根据结构的形式以及结构的需要来确定梁的宽度，要注意修改梁的宽度，如图1.2.25所示。

在梁的布置中，根据结构的需求，以及出于经济的考虑，会有主梁和次梁之分，次梁的布置与主梁的布置大同小异，如图1.2.26所示。

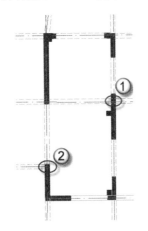

图1.2.23 剪力墙与梁之间的连接示意图

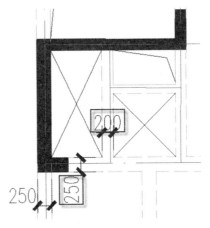

图1.2.24 不同宽度的梁的布置示意图

图1.2.25 修改梁宽界面

图1.2.26 次梁的绘制菜单

同时主梁与次梁在图中的显示方式会有所不同，如图1.2.27所示。

图1.2.27中序号①为主梁，序号②为次梁，两者颜色不同。

在梁的布置中，外墙处的梁需要用实线，如图1.2.28所示。

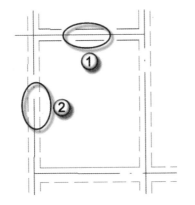

图1.2.27 主梁与次梁的布置示意图

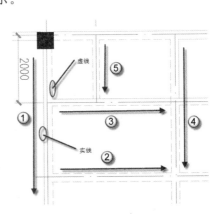

图1.2.28 梁的虚实线示意图

根据梁的布置原则以及梁的宽度来绘制梁,单击右侧菜单区"梁绘制"中的"画直线梁"命令,确定梁的宽度,开始绘制,在梁的布置中会有虚线与实线之分,单击右侧菜单区"梁绘制"中的"虚实变换"命令,可以使原来的虚线变换为实线。

在梁的布置中,有的空间内全是实线,如图 1.2.29 所示。

根据标号运用梁的绘制方法进行操作,但是在绘制完成后,要对梁进行修改,将虚线转换为实线,如图 1.2.29 所示。在绘制中也有都是虚线的,如图 1.2.30 所示。

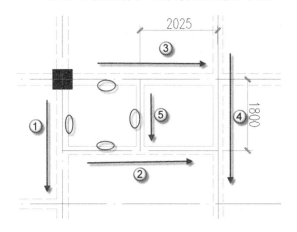

图 1.2.29　某空间内梁全是实线

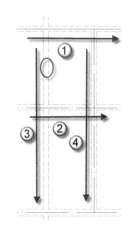

图 1.2.30　全为虚线的梁的布置示意图

在梁的绘制中根据结构的需要确定梁的虚实,根据上述标号以及箭头所示的方向绘制梁,其绘制方法为:单击右侧菜单区"梁绘制"中的"画直线梁"命令,根据梁的布置原则以及梁的宽度要求确定梁的宽度以及位置,然后开始绘制。

对于梁的布置,由于结构的需要有时绘制的梁不是直线梁,如图 1.2.31 所示。⑤号与⑥号梁为斜线梁,在梁的绘制中,可以直接捕捉轴线绘制,单击右侧菜单区"梁绘制"中的"画直线梁"命令,界面上会出现如图1.2.32所示的对话框。根据结构的要求以及梁的绘制原则,确定梁的宽度,开始绘制,根据图中标号以及箭头方向——布置梁。

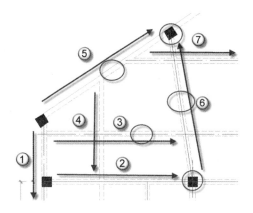

图 1.2.31　斜线梁的绘制示意图

上述为一层平面中梁的布置方法以及在结构布置中布置梁要注意的问题和原则。

图 1.2.32　梁绘制对话框

1.2.3　设置中间层平面中的剪力墙

我国高层建筑中,高层住宅(12～30 层)占主体,约占全部高层建筑的 80%。目前国内的高层住宅建筑大多是钢筋混凝土结构,结构体系分框架、剪力墙、框架-剪力墙三大结构体系。框架结构的优点是:建筑平面布置灵活,分隔方便;整体性好、抗震性能好,设计合理时结构具有较好的塑性变形能力;外墙采用轻质填充材料时,结构自重小。框架结构的缺点是:刚度较小,横向荷载作用下的侧向变形大,正是这一点限制了框架结构的建造高度。剪力墙结构的优点是:整体性好、刚度大,抵抗侧向变形能力强;抗震性能较好,设计合理时结构具有较好的塑性变形能力。因而剪力墙结构适宜的建造高度比框架结构的要高。剪力墙结构的缺点是:受楼板跨度的限制(一般为 3~8 m),剪力墙间距不能太大,建筑平面布置不够灵活,难以应用于公共建筑。框架-剪力墙结构中,剪力墙刚度大,承担大部分的水平荷载,是抗侧力的主体,整个结构的刚度大大提高;框架则承担竖向荷载,提供了较大的使用空间,同时也承担少部分水平荷载。随着高层建筑的发展,新的结构体系不断出现,除框架、剪力墙、框架-剪力墙三大结构体系外,还有筒体、框架-筒体、剪力墙-筒体、筒中筒、巨型框架结构体系和悬挂结构体系等。剪力墙之所以是主要的抗震结构构件,主要是因为剪力墙的水平刚度大,容易满足小震作用下结构尤其是高层结构的侧向位移限制。但是,对建筑物刚度的大小,历来争议较多。对于钢筋混凝土剪力墙结构,历次震害表明,刚度较大的结构一般震害较轻。但是,结构刚度不能无限制地增大,因为在一般情况下,建筑物刚度越大,所承受的地震水平力也随之增大,工程费用也越高,这里有一个"度"的问题。对高层建筑,控制这个"度"主要考虑两个因素:一个是控制结构的水平位移,使结构水平位移满足《高规》中有关结构水平位移限值的要求;另一个是控制地震力,因为在地震力计算值偏小的情况下,有时也会出现结构顶点位移满足要求、构件为构造配筋的"安全"假象。只有底部剪力在合理范围内,检查位移、内力及配筋情况才有意义,规范规定了剪力墙结构的底部剪力系数 a(底部剪力/结构自重)的范围,防止剪力过小。控制这两个因素落实到结构设计方面就是对剪力墙进行合理布置,主要涉及剪力墙布置的数量和位置以及部分构造措施的具体应用,这些内容在《高规》中没有明确的规定。在这种情况下,工程师出于结构安全、方便设计、缩短设计周期等的考虑,有可能把结构设计得偏于保守,没有充分发挥材料的性能,造成浪费。因此,深入开展对剪力墙结构设计的研究具有一定的工程意义。

在了解了高层建筑中剪力墙布置的优点和缺点后,在下面的学习中会为大家介绍怎样在 TSSD 中来布置高层建筑中间层的剪力墙及其与一层剪力墙布置的相同点和不同点。

对于不同层的结构,剪力墙的截面尺寸也不一样,要根据结构的要求,合理确定剪力墙的尺寸。

1. 标准层

一般住宅标准层剪力墙的厚度取 200 mm 基本可满足稳定性和轴压比的要求,除提高刚度、建筑构造或减少梁跨等需要,剪力墙截面高度取 1650 mm,即满足一般剪力墙的要求,可称为200 mm厚剪力墙的经济长度。

2. 底部层高较大的楼层

由于建筑使用功能的需要,建筑物底部的地下室、架空层、裙楼等楼层往往具有较大的层高,这时剪力墙因稳定性的要求(构造或稳定验算)需要有较大的厚度,上部标准层长度为 1650 mm 的一般剪力墙,则会因剪力墙厚度增大而在底部楼层变为短肢剪力墙,为使底部层高较大楼层的剪力墙仍能满足不属于短肢剪力墙的要求,可考虑如下的处理方法。

(1)将剪力墙厚度加大为不小于层高的1/15,且不小于 300 mm,则当剪力墙高度与厚度的比值大于 4 时,仍可视为一般剪力墙。例如,层高为 6 m、剪力墙厚度为 400 mm 时,1650 mm 长度的剪力墙仍属一般剪力墙。实际操作时,对长度较大、轴压较小的剪力墙,当稳定性能满足要求且截面高度与厚度的比值不小于 8 时,也可不将剪力墙厚度加大至层高的 1/15。该法的优点是基本不需要加长剪力墙,对建筑功能不会有太大的影响;缺点是剪力墙折算厚度较大。

(2)条件允许时,在楼层间设置一层分隔梁,沿剪力墙平面外拉设可提供其平面外平动及转角自由度的约束,大致相当于多设一层楼盖的效果,以减少剪力墙的计算长度,从而使剪力墙厚度不需太大也能达到一般剪力墙的条件,满足稳定性的要求。

（3）在保证剪力墙厚度满足稳定性要求的前提下增加剪力墙长度,使 50% 以上面积的剪力墙截面高度与厚度的比值不小于 8。该法的缺点是会使较多的剪力墙在底部楼层增加长度,导致与建筑往往对底部车库、架空层、裙楼等有较大空间的要求相违背而影响建筑使用功能,建议慎用。

中间层的剪力墙布置方法和上述一层的剪力墙布置方法大同小异。在下面的学习中会为大家讲述剪力墙的另一种布置方法。在此之前,先讲述一般剪力墙结构竖向构件的布置原则。

1）满足建筑使用功能

（1）剪力墙尽量布置在楼(电)梯间、卫生间等功能相对固定、改变可能性不大的位置。

（2）尽量不在业主可能打通的房间之间或厅与房之间布置剪力墙。

（3）尽量减少在显眼部位有剪力墙凸出墙面的情况。

（4）当在某些空间不希望见到梁时,可在合适位置增加短墙。

（5）考虑剪力墙对下部楼层的入户大堂、车位等处的功能的影响。

2）满足双向侧向刚度的要求

双向均布置一定数量的剪力墙,当某向剪力墙因条件限制数量偏少时,在垂直方向的剪力墙上布置沿该方向的一定数量的翼缘,使其与梁形成框架效应,可明显增加该方向的侧向刚度。

3）满足扭转的要求

影响扭转指标的三个因素如下所示。

（1）水平合力点(对风荷载为迎风面的中心,对地震作用则为质心)与刚度中心的偏心程度,决定扭转荷载的大小。

（2）在扭转荷载相同时,结构的抗扭刚度决定扭转变形的大小,反映的指标为第一扭转与平动周期比。

（3）结构的平动抗侧刚度,在扭转变形相同时,增加平动位移,相当于增大扭转位移比的分母,可在一定程度上减少扭转位移比。

增大抗扭刚度的方法:沿周边布置抗侧力构件可有效提高抗扭刚度,抗侧力构件包括剪力墙、框架等。

4）满足经济性的要求

（1）梁跨一般在 4～6 m 时较为经济,故尽量减少或避免采用大跨度的梁。

（2）剪力墙布置应尽量均匀,间距尽量不要忽大忽小,靠得较近的剪力墙可适当取短些。

（3）尽量不要做成短肢剪力墙结构,非短肢剪力墙的面积(广东地区)应超过 50%。当轴压比满足要求且配筋率不高时,对经济梁跨也不会有太大影响时,非短肢剪力墙长度大于厚度的 8 倍即可(厚度为 200 mm 时,长度一般为 1650 mm),以尽量控制剪力墙造价。

（4）一般控制剪力墙轴压比不小于 0.4,并控制剪力墙的折算厚度指标在合理的范围内(对 3 m 层高的标准层,12 层的控制在 90～100 mm,18 层的控制在 110～120 mm,20 层以上的控制在 130～140 mm,以上均以结构面积计算),以保证剪力墙的经济性。

在了解了一般剪力墙结构竖向构件的布置原则后,下面为大家讲述剪力墙的另外一种布置方式:根据轴线布置剪力墙。下面所讲的剪力墙的布置方法是 TSSD 中基本的布置方法,单击右侧菜单区中的"墙体绘制"菜单中的"画直线墙"命令,会出现如图 1.2.33 所示的界面。

在结构中不同地方的剪力墙,宽度有可能不同,根据结构的要求确定剪力墙的宽度,在绘制时要注意每个地方的剪力墙宽度,如图 1.2.33 所示。下面结合实例介绍不同宽度的剪力墙绘制,如图 1.2.34 所示。

图 1.2.33　剪力墙绘制以及修改宽度界面

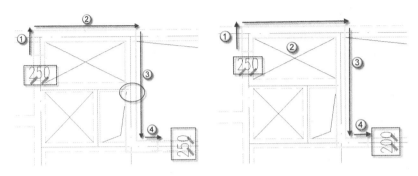

图 1.2.34　不同宽度的剪力墙绘制示意图

　　之前讲述了在一层平面中用 AutoCAD 中绘制多段线的方法绘制剪力墙,对不同宽度的剪力墙在输入剪力墙宽度时,输入相应数值即可。在这里为大家介绍运用 TSSD 右侧菜单区中的命令绘制不同剪力墙。单击右侧菜单区中的"墙体绘制"中的"画直线墙"命令,出现如图 1.2.33 所示的对话框,选择剪力墙宽度 250 mm,绘制①号和②号剪力墙,然后重复上述操作,出现如图 1.2.33 所示的对话框,将剪力墙宽度改为 200 mm,绘制③号和④号剪力墙。上面所讲的是一种最常用的操作方式,在下面的学习中为大家介绍一种更为简便的操作方式,按照上述操作绘制①号和②号剪力墙,不改变剪力墙的宽度,继续绘制③号和④号剪力墙,绘制完成后如图 1.2.34 左侧所示,单击右侧菜单区"墙体绘制"中的"改变墙宽"命令,根据命令栏中的提示,输入原有的剪力墙宽度 250 mm,按下"Enter"按钮,输入现在所需要的宽度 200 mm,按下"Enter"按钮,选择③号和④号剪力墙,就能得到图 1.2.34 中右图所示的剪力墙。为了让大家一目了然,此处的剪力墙都是加粗后的剪力墙,下面会讲到剪力墙加粗的操作方法。

　　结构的每个地方所要求的承载力不同,对剪力墙的要求也不同,根据结构的要求确定剪力墙的布置形式,如图 1.2.35 所示。

图 1.2.35　不同形式的剪力墙

　　根据剪力墙布置原则以及布置数量,确定剪力墙的宽度。

　　剪力墙加粗后可以看得更清楚,如图 1.2.36 所示。按照上述所讲的剪力墙绘制方法,根据标号以及箭头所指的方向绘制图 1.2.36 左侧的剪力墙,绘制完成后单击右侧菜单区"墙体绘制"中的"墙线加粗"命令,根据命令栏中的提示进行操作。

　　在一层平面剪力墙的布置中讲到了对称剪力墙布置的简便方法,另一种布置方法如图 1.2.37 所示。根据图 1.2.37 中的标号以及箭头所指的方向绘制好左侧的剪力墙,在命令栏中输入"MI"命令,按下"Enter"按钮,捕捉其中点,得到右侧的剪力墙示意图。

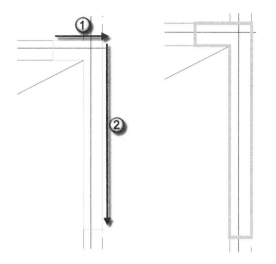

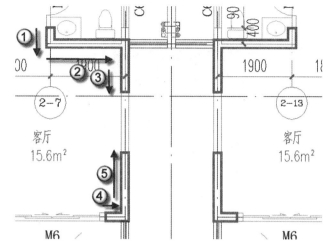

图1.2.36 剪力墙加粗示意图   图1.2.37 对称剪力墙的布置示意图

注意:考虑到各墙线的偏心值不一定相同,所以"双线绘制"对话框中的偏心选择0,因此据轴线布置墙只布置与轴线对中的墙线。

中间层的剪力墙布置原则和一层的剪力墙布置原则大同小异。在剪力墙布置过程中,会遇到剪力墙开洞的问题,剪力墙开洞的情况如下所示。

(1) 墙长超过8 m的剪力墙(属于超长墙肢),由于其单片墙的刚度很大,可吸收大量的地震作用,而超长墙肢的延性较差,地震时往往不能充分发挥作用,因此,导致其他墙肢承担比计算值大得多的地震作用。为确保结构安全,应对超长墙肢进行开洞处理,墙肢之间设置弱连梁。

(2) 为使结构的侧向刚度均匀,减少结构的扭转,应对剪力墙进行开洞。

单击右侧菜单区的"墙上开洞"命令,出现如图1.2.38所示界面。根据实际情况,参照对话框中各参数的意义,输入洞口宽度尺寸值及洞口名称,所开的洞口是否绘制连梁可以选择,插入方式可按中心插入,也可输入洞口距轴线的距离进行顺序插入。检查无误后,点击"确定"按钮。

单击需开洞的剪力墙的一条边(使用顺序插入,点取靠近轴线的一侧),墙线自动打断,完成墙上洞口的自动绘制,如图1.2.39所示。

中间层的结构一般较为对称,所以有很多剪力墙也是对称布置的,可以直接在原来布置的剪力墙的基础上对所布置的剪力墙进行变换,不用再重复绘制,如图1.2.40所示。

根据上面讲的剪力墙布置方法布置序号为①的剪力墙,运用在AutoCAD中学到的镜像命令来完成②号剪力墙的绘制,在命令栏里输入"MI"命令,按下"Enter"按钮,打开对象捕捉中的中点,捕捉上述中点位置进行镜像,这样布置既方便又快捷。同时,在绘制的时候对于相同的剪力墙可以进行复制,对相似的可以用"旋转"等命令来绘制,如图1.2.41所示。

对于相同的剪力墙,可以直接单击下拉菜单中"修改"栏中的"复制"命令,也可用右侧菜单区中的"复制墙体"命令对相同剪力墙进行绘制。

实际施工过程中,在同一道墙上既存在暗梁也存在剪力墙洞口连梁时,常见的做法如下。

(1) 将连梁的上部纵筋贯穿暗梁上部,伸至墙端部暗柱纵筋的内侧后水平弯折$15d$(d为钢筋直径,下同),替换暗梁的上部纵筋;连梁的下部纵筋伸过洞口边l_{ae},暗梁的下部纵筋一端伸至墙端部暗柱纵筋内侧后水平弯折$15d$,另一端从连梁纵筋的端头开始,与连梁纵筋搭接l_{le}。暗梁的箍筋在距离剪力墙

图 1.2.38 剪力墙开洞

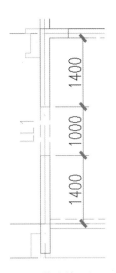

图 1.2.39 剪力墙开洞示意图

图 1.2.40 对称剪力墙的绘制

图 1.2.41 相同剪力墙绘制示意图

边缘墙柱核心部位 1/2 箍筋处开始布置;暗梁与剪力墙连梁相连一端的箍筋设置到门窗洞口的边缘位置,即设置到剪力墙连梁支座边缘。此做法主要是考虑在洞口两侧便于混凝土的浇筑和振捣,从而保证混凝土的振捣质量,但会增大钢筋用量,从而导致建设方的工程投资成本增加。

(2) 暗梁的所有纵筋与连梁的纵筋互相搭接通过。连梁的上下部纵筋均伸过洞口边 l_{ae};暗梁的上下部纵筋一端伸至墙端部暗柱纵筋内侧后水平弯折 $15d$,另一端从连梁纵筋的端头开始,与连梁纵筋搭接 l_{le};暗梁的箍筋在距离剪力墙边缘墙柱核心部位 1/2 箍筋处开始布置;暗梁与剪力墙连梁相连一端的箍筋设置到门窗洞口的边缘位置,即设置到剪力墙连梁支座边缘。

(3) 当在洞口边设置有暗柱时,连梁的上下部纵筋均伸过洞口边 l_{ae};暗梁的上下部纵筋一端伸至墙端部暗柱纵筋内侧后水平弯折 $15d$,另一端伸至洞口边暗柱内锚固 l_{ae};暗梁的箍筋在距离剪力墙边缘墙柱核心部位 1/2 箍筋处开始布置;暗梁与剪力墙连梁相连一端的箍筋设置到门窗洞口的边缘位置,即设置到剪力墙连梁支座边缘。

(4) 当暗梁在连梁的腰部位置时,暗梁的所有纵筋与连梁的纵筋互相搭接通过。连梁的上下部纵筋均伸过洞口边 l_{ae};暗梁的上下部纵筋一端伸至墙端部暗柱纵筋内侧后水平弯折 $15d$,另一端从连梁纵筋的端头开始,与连梁纵筋搭接 l_{le};暗梁的箍筋在距离剪力墙边缘墙柱核心部位 1/2 箍筋处开始布置;暗梁与剪力墙连梁相连一端的箍筋设置到门窗洞口的边缘位置,即设置到剪力墙连梁支座边缘。

上述是剪力墙的另一种绘制方法,为中间层剪力墙绘制方法。

在剪力墙的绘制当中会有简单的方法,但要遵循剪力墙的绘制原则。在布置中要注意剪力墙与梁之间的连接,要注意剪力墙宽度的确定以及剪力墙在布置中会出现的问题。

1.2.4　设置中间层平面中的梁

高层建筑中梁的布置有很多应遵循的原则和需要注意的地方,高层建筑中间层中梁的布置方法跟一层中的梁的布置方法大同小异。承载力不同,梁所需要的截面尺寸也不同,在布置中对梁的截面形式进行修改,遵循梁的布置原则。合理的梁布置可以使结构的超静定次数增多。梁平面布置应控制次梁级数,少出现 3 级次梁,避免出现 4 级次梁。楼(电)梯间前室、过道、门厅等部位的梁的布置要考虑今后的装修。尽量避免采用直接对门和打破开敞空间的梁的布置形式。

在保存中间层的剪力墙布置后,进行中间层的梁的布置。双击所定义的块,界面变暗后开始进行布置,单击右边菜单区"梁绘制"中的"画直线梁",根据梁的布置原则确定梁的截面高度,然后开始进行布置。在布置时要注意梁的绘制中有虚线和实线之分,单击右侧菜单区中的"双线绘制"按钮会出现如下对话框,如图 1.2.42 所示。

图 1.2.42　梁的虚实线示意图

在结构中梁的绘制如图 1.2.43 所示。

在结构布置中要根据梁的布置原则以及所在位置来确定梁线的虚实以及梁的宽度,沿轴线进行布置,如图 1.2.44 所示。

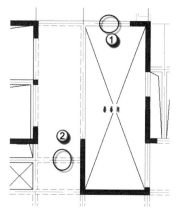

图 1.2.43　梁的虚实线结构布置图

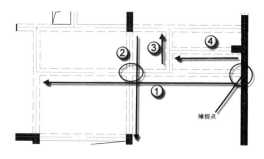

图 1.2.44　梁的绘制示意图(1)

按图 1.2.44 中箭头所指的方向开始绘制,单击右侧菜单区"梁绘制"中的"画直线梁"命令,在绘制之前要确定梁的宽度,可以根据轴线来确定梁的起始点,在绘制中要注意梁与梁之间不能断开。在绘制时,对于不同宽度的梁,可以在绘制开始时就改变梁的宽度。另外,绘制完成后,会因为一些原因而需对所绘制的梁的宽度进行修改,可以直接单击右侧菜单区中的"改变梁宽",选择所要修改的梁,在命令栏里输入需要修改的梁的宽度,按下"Enter"按钮。

考虑到施工方便以及美观等因素,梁的绘制一般要比较规则,图 1.2.45 中梁的布置就比较规则。对于对称的结构,可以选择"镜像"命令进行操作,但在梁中一般不用"镜像"命令。在梁的布置中要求梁与梁之间的连接不能断开,梁与剪力墙之间以及梁与柱之间的连接有很多要注意的地方,所以一般梁的绘制比较烦琐,需要一一绘制。在梁的布置中,梁一般距轴线的距离相等,根据结构的要求确定梁的宽度后,梁的布置的操作就比较简单了。单击右侧菜单区"梁绘制"中的"画直线梁"命令,会出现如图 1.2.46 所示的对话框,选择所确定的梁的宽度,根据标号以及箭头所指的方向一一绘制。在布置中要随时保存所绘制的图。

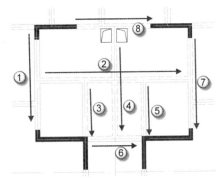

图 1.2.45 梁的绘制示意图(2)

图 1.2.46 梁绘制对话框

柱与梁的连接中要注意的问题,以及两者之间连接的设计原则如下。

梁柱连接节点起着传递梁、柱间的弯矩和剪力的作用,关系到结构的整体受力,是结构的主要组成部分。梁、柱连接设计原则是强节点、弱构件以及强柱弱梁,使其具有足够的强度和刚度。梁、柱连接节点是高层建筑框架结构中比较特殊的部位,是联系整个结构体系的枢纽,如框架的梁柱交汇点、剪力墙结构的暗梁与柱的交汇点等。节点承受由梁端和柱端传递来的轴力、弯矩和剪力,在其共同作用下受力状态复杂,因此要求节点具有足够的强度,以抵抗相邻构件承受的各种荷载,保证整个结构体系坚固和安全可靠。然而在实际工程中,因节点细部构造设计不细致、施工不精心,容易给工程质量留下隐患。在浇筑梁、柱不同强度等级的混凝土时,应重点控制高、低强度等级混凝土的邻接面不能形成冷缝。同时要根据浇筑面的宽度和浇筑速度,分别算出梁板混凝土和梁柱节点区混凝土的体积,以缩短两种等级混凝土的浇捣时间;宜先浇捣节点处高强度等级混凝土,后浇捣低强度等级混凝土,在先浇筑的混凝土初凝前继续浇捣梁板的混凝土,确保两种混凝土接茬在 2 h 内完成,以免出现冷缝或施工缝。另外,还要确保低强度等级混凝土不流入高强度等级混凝土中。梁、柱连接的绘制示意图如图 1.2.47 所示。

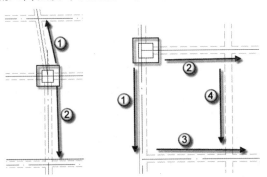

图 1.2.47 不同梁与柱连接的绘制示意图

梁与柱的连接根据结构的要求以及两者之间的位置,按照梁的绘制原则,按图 1.2.47 中的标号以及箭头所指方向一一绘制。

1.2.5　设置顶层平面中的梁

高层建筑的空间比较大,一般会布置井字梁。由于井字梁在横、纵两个方向都有较大的刚度,适用于使用上要求有较大空间的建筑,如民用房屋的门厅、餐厅、会议室和展览大厅等。井字梁结构体系因其受力和布置方式的合理性,得到了广泛的应用。

1. 井字梁结构的特点

钢筋混凝土井字梁是从双向板演变而来的一种结构形式。当其跨度增加时,板厚也随之增大。但是,由于板厚增大而自重加大,板下部受拉区域的混凝土往往被拉裂不能继续工作。因此,在双向板的跨度较大时,为了减轻板的自重,可以把板的下部受拉区的混凝土挖掉一部分,让受拉钢筋适当集中在几条线上,使钢筋与混凝土更加经济、合理地共同工作。这样双向板就在两个方向形成井字式的区格梁,这两个方向的梁通常是等高的,不分主次梁,一般称这种双向梁为井字梁。

井字梁能形成规则的梁格,顶棚较美观。常用的梁格布置形式有正交正放、正交斜放、斜交斜放等。相比于一般梁板结构,具有较大跨高比,较适用于受层高限制且要求大跨度的建筑。设计井字梁结构时,如果井字梁周边有柱位,可调整井字梁间距以避开柱位,靠近柱位的区格板应作加强处理;若无法避开,则可设计成大小井字梁相嵌的结构形式。井字梁楼盖两个方向的跨度如果不等,则一般应控制其长短跨度比,不能过大。长跨跨度 L_1 与短跨跨度 L_2 的比值最好不大于 1.5,如大于 1.5 而小于等于 2,宜在长向跨度中部设大梁,形成两个井字梁体系或采用斜向布置的井字梁,井字梁可按 45° 对角线斜向布置。梁格间距一般是根据建筑上的要求和具体的结构平面尺寸确定的,通常取跨度的 1/12~1/6,且一般不宜超过 4 m,同时还应综合考虑刚度和经济指标的要求。与柱连接的井字梁或边梁按框架梁考虑,必须满足抗震受力(抗弯、抗剪及抗扭)要求和有关构造要求。梁截面尺寸不够时,如要求梁高不变,则可适当加大梁宽。一般情况下,井字梁梁端扭矩较大,扭矩较大的范围为跨度的 1/5~1/4,建议在此范围内适当加强抗扭措施。

2. 井字梁截面尺寸的确定

一般的混凝土框架梁截面宽度不宜小于 200 mm,由于井字梁结构在纵横方向的梁能起到侧面相互约束作用,当梁截面宽度较小时,也不会发生侧向失稳破坏。因此井字梁截面宽度可比普通梁截面宽度小一些。通常井字梁宽度 b 取其高度 h 的 1/3(h 较小时)或 1/4(h 较大时),但梁宽不宜小于 120 mm。两个方向的井字梁的高度 h 应相等,一般常用的井字梁截面高度为跨度的 1/20~1/15,当结构在两个方向的跨度不一样时,取短跨跨度。一般要求井字梁的挠度 $f \leqslant L/250$,要求较高时,$f \leqslant L/400$(L 为框架梁的跨度)。井字梁和边梁的节点宜采用铰接节点,但边梁的刚度仍要足够大,并应采取相应的构造措施。若采用刚接节点,则边梁应进行抗扭强度和刚度计算。边梁的截面高度大于或等于井字梁的截面高度,并最好大于井字梁高度的 30%。对于边梁截面高度的选取,应按单跨梁的规定执行,一般可取 $h = L/12 \sim L/8$(L 为边梁跨度)。梁、柱截面及区格尺寸确定后可进行计算,根据计算情况,对截面再作适当调整。

高层建筑中各层梁的布置大同小异,只是由于在不同的高度,不同的地方所需的承载力不同,所以梁的截面尺寸、梁的形式不同。在 TSSD 中梁的布置方法也大同小异,与一层的梁的布置方法大致相同。

在高层建筑中,结构一般比较对称,所以对梁也可以对称布置,可以用布置剪力墙的简便方法来进行布置,如图 1.2.48 所示。

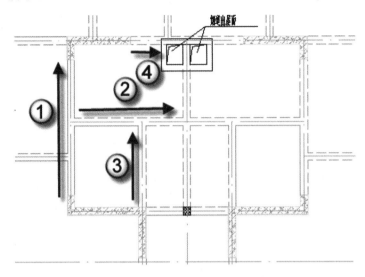

图 1.2.48 对称梁的绘制

对于对称的梁的布置,可以根据梁的绘制方法对图 1.2.48 左边的梁按箭头所示方向一一布置,布置完成后,可以直接捕捉两边对称的中点,使用"镜像"命令,绘制右边的梁。

在结构布置中,屋顶上的梁的布置与中间层的梁的布置有相同之处,也有不同之处,应根据结构的需要以及屋顶上梁的布置的原则来绘制屋顶上的梁。楼梯间的梁的布置,中间层的与屋顶的就有所不同,如图 1.2.49 与图 1.2.50 所示。

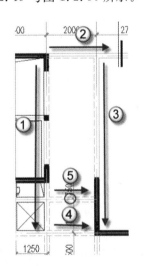

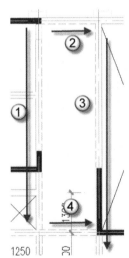

图 1.2.49 中间层的楼梯处梁的绘制示意图　　　　图 1.2.50 屋顶的楼梯处梁的绘制示意图

在图 1.2.49 与图 1.2.50 中,中间层与屋顶处的梁的绘制方法相同。在梁的布置中,中间层的梁与屋顶的梁相比,多了⑤号梁。

屋顶的梁的绘制与中间层的梁的绘制相同,根据结构的要求,确定梁的位置以及梁的宽度。在绘制当中要注意顶层梁的绘制原则,根据结构的要求修改梁的宽度,以达到更经济的效果。

第2章　PMCAD 建模与荷载输入

第 1 章中初步布置了结构形式,这一章将学习 PMCAD 建模与荷载输入。本章以一个十分典型的工程为例,讲解最主要的步骤,使读者可以很快入门,同时也能更深入地了解以及运用软件的功能。

2.1　主楼地上部分建模

PMCAD 是 PKPM 系列 CAD 软件的基本组成模块之一,软件采用人机交互方式,引导用户逐层布置各平面和各楼层,具有直观、易学、不易出错和修改方便等特点。下面通过实例讲解如何运用 PMCAD 进行建模。

2.1.1　一层平面建模

一层平面建模的主要步骤为布置墙→布置梁→生成楼板→布置楼面荷载→布置梁间荷载。下面开始运用实例进行讲解。

1. 使用 PMCAD

双击计算机桌面上的"PKPM"快捷图标,或者使用桌面"多版本 PKPM"工具启动 PKPM 主界面,如图 2.1.1 示。

图 2.1.1　PKPM 主界面

在对话框左上角的专业分页上选择"结构"菜单主页,对话框右上角的专业模块列表中选择"结构建模"选项。单击 PKPM 主界面左侧的"SATWE 核心的集成设计"模块,使其变蓝,之后单击其右侧的"新建/打开"按钮,会弹出"选择工作目录"菜单。

2. 建立工作子目录

单击 PKPM 主界面上的"新建/打开"按钮,指定用户操作的工作子目录。

注意:同其他软件不同的是,PKPM 软件是以文件夹的形式工作的,每做一项工程,都应建立一个新目录,这样不同工程的数据才不会混淆。用户若需复制资料必须连同文件夹一起复制。

建立文件夹,在目录名称下选取已建立的文件夹,如图 2.1.2 所示。

图 2.1.2 选择工作目录

3. 进入 PMCAD 主界面

建立工作子目录后,PKPM 主界面上"新建/打开"按钮下方的预览框会变成蓝色,鼠标左键双击蓝色预览框即可进入 PMCAD 主界面,第一次操作时会弹出"请输入工程名"对话框,如图 2.1.3 所示。

图 2.1.3 "请输入工程名"对话框

对于新建工程,用户应输入该工程的名称,工程名称由用户自定义,对于旧文件,程序一般可自动从当前工作子目录中搜索,可单击"查找"并人工选取。

建模环境介绍:

屏幕中部为工程建模区域,绘图比例为 1:1,单位为 mm。

屏幕上方为标题栏、下拉菜单区和快捷图标区,是辅助建模的工具命令区。

屏幕下方为人机交互操作栏和绘图状态提示栏。

屏幕右方为工程建模主菜单、子菜单和命令区,是建模操作的主要功能区,也是本书讲解的重点。

4. 轴线

(1)"轴线"菜单是 PMCAD 建模经常用到的功能板块,可利用相关作图工具来绘制建筑物整体的平面定位轴线。这些轴线可以是与墙、梁等长的线段,也可以是一整条建筑轴线。各标准层定义不同的轴线,即各层可有不同的轴线网格。只有绘制出准确的轴线才能为以后的建模打下良好的基础。

选择"轴网"→"轴线"菜单,单击"正交轴网"命令,将会弹出图 2.1.4 所示的"直线轴网输入对话框"。

在"直线轴网输入对话框"中按照提示依次输入轴网间距,单击确定后进入绘图区,单击鼠标左键可得到简易轴网。

选择"轴线"→"轴线命名"菜单,首次操作时屏幕会显示各平行轴线的间距,命令行提示"轴线名输入:请用光标选择轴线"。此时用鼠标左键单击轴线(必须是两端有节点的高亮显示轴线),轴线所在直线会弹出一条亮且两端带圆圈的轴线,在命令行输入该轴线的编号,按下"Enter"键结束命令。其他轴

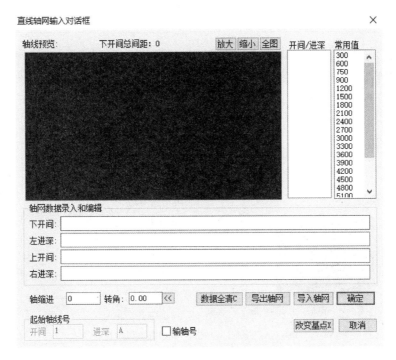

图 2.1.4　直线轴网输入

线命名重复上述操作即可。轴网输入及轴网命名结果如图 2.1.5 所示。

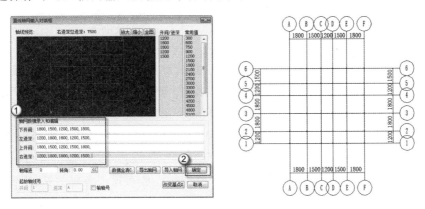

图 2.1.5　轴网输入及轴网命名

（2）"轴网"→"轴线"菜单的各项基本绘线图素。

程序提供了"正交轴网""圆弧轴网""轴线命名""删除轴名""轴线隐现"等基本图素，配合各种捕捉工具、快捷键和菜单中的各项工具，构成了一个小型绘图系统，用于绘制各种形式的轴线。

（3）网点。

"网点"命令可自动将绘制的定位轴线分割为网格和节点。凡是轴线相交处都会产生一个节点，轴线线段的起止点也作为节点。用户可对程序自动分割所产生的网格和节点进行进一步的修改。网格确定后即可给轴线命名。

"网点"菜单包括"删除节点""删除网点""上节点高""网点平移""归并距离""节点下传""形成网点"

"网点清理"等命令。

5. 构件

"构件"主菜单下包含"构件""修改""层间编辑""材料强度""显示"等子菜单。

1）"构件"子菜单

工程设计中采用的所有梁、柱、墙、墙洞、斜杆等都需要在此菜单下定义，以便下一步使用。

（1）墙。

单击"墙"按钮，左侧弹出"墙布置"和"墙布置参数"对话框，如图 2.1.6 所示，在这里对墙的截面形状、尺寸及材料进行定义。

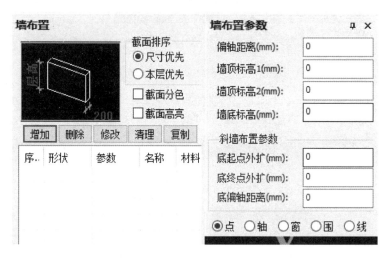

图 2.1.6 "墙布置"和"墙布置参数"对话框

各种构件布置前必须要定义它的截面形状、尺寸、材料等信息。本程序对构件的定义和布置的管理都采用如图 2.1.6 所示的对话框。对话框左中部是"增加""删除""修改""清理""复制"按钮。

"增加"：定义一个新的截面类型。点"增加"按钮，将弹出"墙截面信息"对话框，在对话框中输入构件的相关参数。在"墙布置"对话框的空白栏用鼠标双击，也可以启动新的截面类型定义。

"删除"：删除已经定义过的构件截面定义，已经布置于各层的这种构件也将自动删除。

"修改"：修改已经定义过的构件截面形状、尺寸及材料，已经布置于各层的这种构件的尺寸也会自动改变。操作方式与"增加"相同。

"清理"：自动将定义了但在整个工程中未使用的截面类型清除掉，这样便于在布置或修改截面时快速找到需要的截面。

"复制"：复制已经定义过的构件截面形状、尺寸及材料，操作方式与"增加"相同。

进入"墙布置"对话框，单击"增加"按钮，将会出现"墙截面信息"对话框，墙的截面类型是系统已经定义的。默认显示的截面类型是 1 号，即矩形截面。墙厚度根据布置图的尺寸输入对话框。墙的材料类别选择混凝土。数据输入如图 2.1.7 所示。

注意：这里定义的构件将会控制全楼各层的布置，如果某个构件的截面形状、尺寸以及材料改变后，已布置的各层的这种构件的截面形状、尺寸以及材料也会自动随之改变。

单击"确定"按钮后,在左侧"墙布置"对话框会显示已定义好的墙截面,单击"墙布置参数"对话框选择"点"布置墙的方式,操作步骤如图 2.1.8 所示。

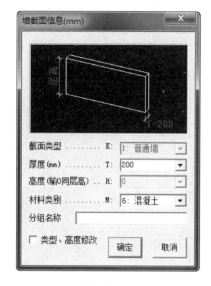

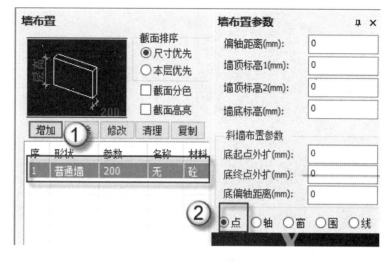

图 2.1.7　"墙截面信息"对话框　　　　　　　**图 2.1.8　墙布置操作步骤**

单击"墙"菜单,在"墙布置"对话框下方列表中选择 200 mm 厚墙截面,右侧"墙布置参数"对话框中可以更改偏轴距离、墙顶标高 1、墙顶标高 2、墙底标高。用户可以根据布置图的信息对墙的这些信息进行更改。选择"点"可以用光标选择方式对墙进行布置。

移动光标到某一节点间并按下回车键,该墙截面将被布置在该节点间,这是"点"布置墙的方式,即以光标点选节点的方式逐个布置墙。

如在布置时按"Tab"键可转换布置方式。墙布置还可采用"轴""窗""围""线"等方式,用户可以在这里把其他的布置方式也试一试。

(2) 200 mm 厚墙布置。

单击选择"1/普通墙/200",在"墙布置参数"对话框定义偏轴距离、墙顶标高 1、墙顶标高 2、墙底标高。在这里系统已经自动进行定义,不需要修改。以上信息设定好后,选择"点",用光标单击要布置的节点间的网格,系统会自动布置墙,如图 2.1.9 所示。

按下"Tab"键,切换"窗"布置方式,框选要布置的网格,如图 2.1.10 所示。

操作完成后即可得到右半部分剪力墙,如图 2.1.11 所示。

(3) 对结构左半部分进行剪力墙布置。

框选需要布置的网格,选定后松开鼠标左键即完成选定。剪力墙布置如图 2.1.12 所示。

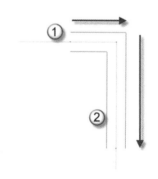

**图 2.1.9　200 mm 厚墙布置
("点"布置方式)**

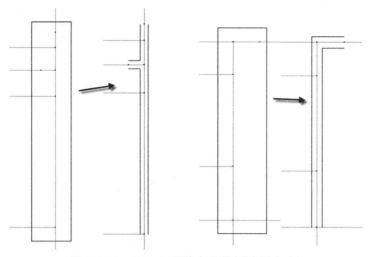

图 2.1.10　200 mm 厚墙布置("窗"布置方式)

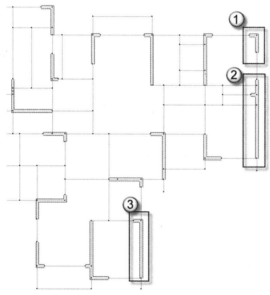

图 2.1.11　右半部分剪力墙

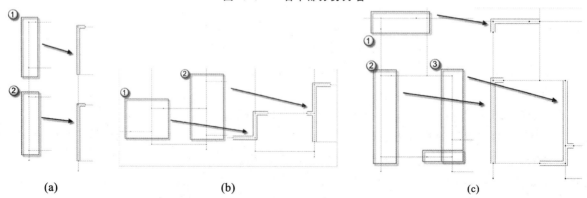

(a)　　　　　　　　　　　　　　　(b)　　　　　　　　　　　　　　　(c)

图 2.1.12　剪力墙布置

(a)布置①号剪力墙；(b)布置②号剪力墙；(c)布置③号剪力墙

按步骤(2)布置剪力墙。左半部分剪力墙布置完成后如图 2.1.13 所示。

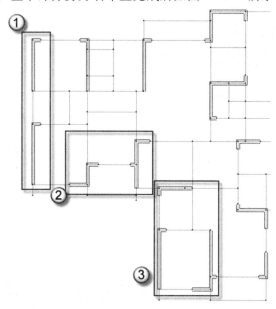

图 2.1.13　左半部分剪力墙

(4) 重复步骤(2)。

一层部分剪力墙布置好后如图 2.1.14 所示。

注意:墙定义时不需要定义墙高,因为系统会默认将层高作为墙高,若墙高与层高不一样则可根据工程实际输入墙高。而且这里定义的墙必须是结构承重墙,而不是填充墙。

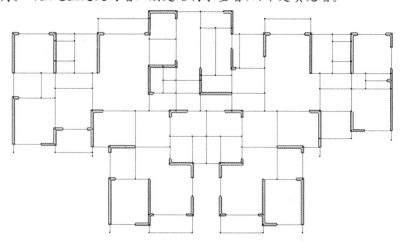

图 2.1.14　200 mm 厚墙布置示意图

(5) 梁布置。

剪力墙布置好后将进行梁的布置,单击"梁"按钮,将会弹出"梁布置"和"梁布置参数"对话框,如图 2.1.15 所示,单击"增加"按钮,弹出"截面参数"对话框,设定梁的截面类型为矩形,材料类别为混凝土,梁宽为 250 mm,梁高为 500 mm,单击"确认"按钮。这样就建立了一个新的梁截面类型。操作步骤如图 2.1.16 所示。

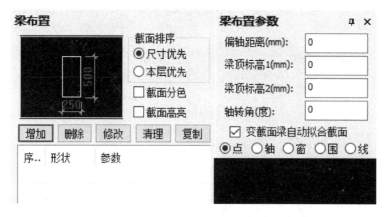

图 2.1.15 "梁布置"和"梁布置参数"对话框

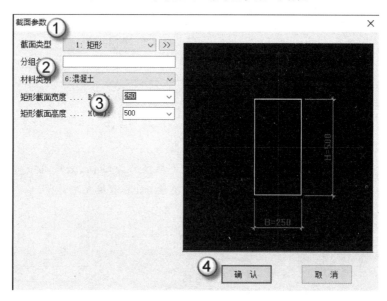

图 2.1.16 梁截面定义

偏轴距离:表示梁沿轴方向的中心线与轴线之间的距离,向上为正,向下为负。

梁顶标高:如果梁布置在垂直网格线上,梁顶标高 1 指下面节点的标高,梁顶标高 2 指上面节点的标高;如果梁布置在水平网格线上,梁顶标高 1 指左边节点的标高,梁顶标高 2 指右边节点的标高。梁顶标高 1 和梁顶标高 2 都取 0,表示梁上沿与楼层等高,通过改变梁顶两节点的标高,可以生成斜梁、层间梁和错层梁。

轴转角:表示梁截面宽度和网格线的夹角。

重复上述步骤,建立初步布置结构形式时梁的截面类型。梁的布置应遵循以下原则。

梁布置在网格上,两节点之间的一段网格上仅能布置一根梁,梁长度即两节点之间的距离。

设置梁的偏心时,一般输入偏心的绝对值,也称"偏轴距离"。布置梁时,光标偏向网格线的哪一边,梁就向哪边偏心。

(6) 梁布置方式。

单击"梁"按钮,在梁布置列表中会出现已定义的几种梁截面,选中 300 mm×600 mm 截面,选中

"梁布置参数"下方"点"布置按钮,移动光标在需要布置梁的网格线上布置梁。可以用"点""轴""窗""围""线"几种方式布置梁。

注意:使用本菜单中的命令在网格上布置的梁都称作主梁。次梁与主梁采用同一套截面定义数据,如果对主梁的截面进行修改,次梁也会随之修改。

(7) 对 200 mm×500 mm 截面梁进行布置。

单击"梁"按钮,选择 200 mm×500 mm 梁截面和"点"布置方式,使用光标单击节点间网格,这样就布置好了梁,如图 2.1.17 所示。

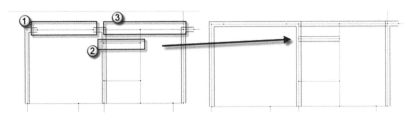

图 2.1.17　主梁布置("点"布置方式)

使用"轴"布置方式布置梁,依次单击①号、②号轴线即可,如图 2.1.18 所示。

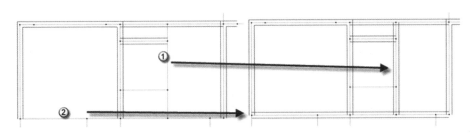

图 2.1.18　主梁布置("轴"布置方式)

切换"窗"布置方式,与选区相交的网格即被布置上梁,如图 2.1.19 所示。

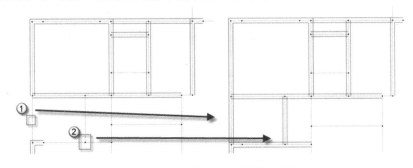

图 2.1.19　主梁布置("窗"布置方式)

以上步骤讲述了以不同的方式布置主梁,其他梁的布置方法如上述步骤所示,用户可通过选择合适的布置方式对梁进行布置。200 mm×500 mm 主梁的布置图如图 2.1.20 所示。

注意:梁与墙的截面宽度是相同的并且偏轴距离也相同,因此梁和墙的边界线是重合的,在屏幕上也就只能看到梁或墙的边线(梁的边线为青色,墙的边线为绿色)。

(8) 对 200 mm×400 mm 截面梁进行布置。

单击"梁"→"增加"按钮,创建 200 mm×400 mm 梁截面,使用光标单击节点间网格,这样就布置好

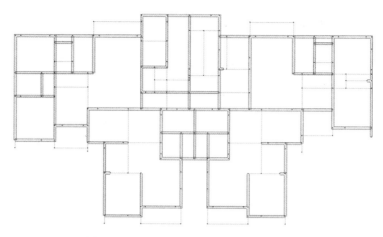

图 2.1.20　200 mm×500 mm 主梁布置图

了梁,如图 2.1.21 所示。

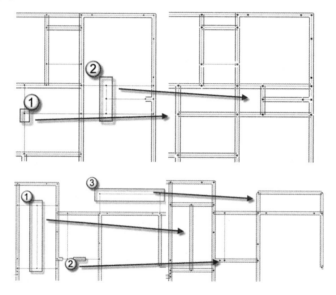

图 2.1.21　200 mm×400 mm 主梁布置图

(9) 布置 100 mm×100 mm 截面梁。

单击"梁"→"增加"按钮,创建 100 mm×100 mm 梁截面,在"梁布置"对话框下方的梁截面列表中选择 100 mm×100 mm 截面梁,在"梁布置参数"对话框下方选择"点"布置方式,使用光标单击节点间网格,这样就布置好了梁,如图 2.1.22 所示。

(10) 布置 200 mm×300 mm 截面梁。

单击"梁"→"增加"按钮,创建 200 mm×300 mm 梁截面,在"梁布置"对话框下方的梁截面列表中选择 200 mm×300 mm 截面梁,在"梁布置参数"对话框下方选择"点"布置方式,使用光标单击节点间网格,这样就布置好了梁,如图 2.1.23 所示。

布置好上述梁之后即完成了一层平面梁的布置。

(11) 墙洞布置。

使用"构件"→"墙洞"命令可将洞口布置在墙体上,可在一段墙体上布置多个洞口,但是程序会在两

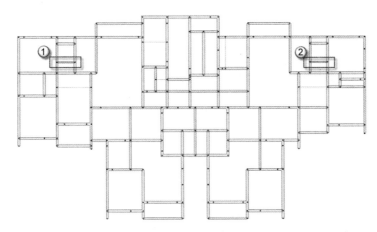

图 2.1.22　100 mm×100 mm 截面梁布置

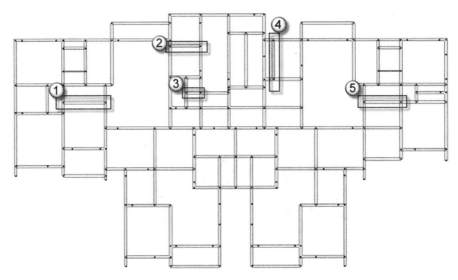

图 2.1.23　200 mm×300 mm 截面梁布置

个洞口之间自动增加节点。如果洞口跨越节点布置,则该洞口会被节点截成两个标准的洞口。

注意:某房间部分为楼梯间时,可在楼梯间布置处开设一个洞口。如果房间全部为楼梯间,也可将该房间板厚修改为 0。房间内所布的洞口,其洞口部分的荷载在荷载传导时扣除。但房间板厚为 0 时,程序仍认为该房间的楼面上有荷载。

2)"修改"子菜单

"构件"下拉菜单中的"修改"子菜单,包含多个可以进一步修改各构件尺寸参数的命令,如"构件删除""截面替换""单参修改""截面工具""偏心对齐",这些命令均有对应的菜单工具。

"构件删除"按钮下拉菜单可以选择删除构件,如图 2.1.24(a)所示。同时,单击"构件删除"按钮,会弹出"构件删除"对话框,可同时选取多个构件,如图 2.1.24(b)所示。

单击"截面替换"按钮,会弹出"构件截面替换"对话框("截面替换"按钮下方带三角形,下拉菜单提供构件选项)。在"构件截面替换"对话框中,先选择构件类型、需要被替换的构件截面编号、替换的正确截面编号和替换区域,选择完成后单击"替换"按钮完成替换,如图 2.1.25 所示。

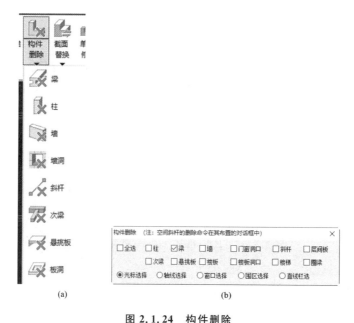

图 2.1.24 构件删除

(a)"构件删除"按钮下拉菜单;(b)"构件删除"对话框

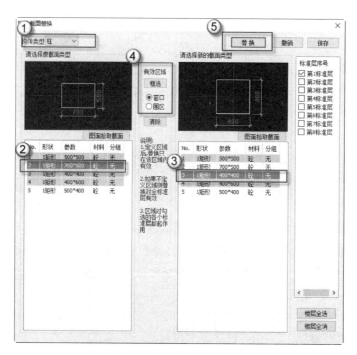

图 2.1.25 "构件截面替换"操作步骤

3)"层间编辑"子菜单

"层间编辑"子菜单可在已创建楼层的基础上快速生成其他楼层,可在两标准层之间插入新的标准层及删除某个标准层,包含"层间编辑"和"层间复制"命令。

①"层间编辑"命令可将操作在多个或全部标准层上同时进行,这样可以省去来回切换不同标准层去执行同一菜单项的麻烦。单击"层间编辑"按钮,将会出现"层间编辑设置"对话框,如图 2.1.26 所示。

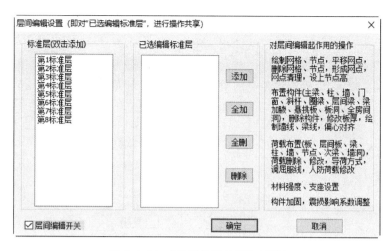

图 2.1.26　"层间编辑设置"对话框

②"层间复制"命令可以将当前层的部分对象向已有的目标层复制,与新建标准层和插入层有所不同。

4)"材料强度"子菜单

"材料强度"子菜单中,包含"本层信息"和"材料强度"两个命令。

"本层信息"命令可对楼层的一些基本参数信息进行设置,主要有板厚、板混凝土强度等级、板钢筋保护层厚度、柱混凝土强度等级、梁混凝土强度等级、剪力墙混凝土强度等级、梁主筋级别、柱主筋级别、墙主筋级别以及本标准层层高等,如图 2.1.27 所示。

图 2.1.27　"标准层信息"对话框

5)"显示"子菜单

"显示"子菜单中,包含"显示编号"和"显示截面"两个命令。

　　单击"显示编号"按钮,弹出"构件选择"对话框。可在对话框提示"输入序号或 ID 自动定位"右边输入 ID 自动查询,或者在下方列表自行选择,如图 2.1.28 所示。

　　单击"显示截面"按钮,弹出"截面显示"对话框,如图 2.1.29 所示,在对话框中勾选构件类别、显示参数和构件分色,单击"确定"后标准层会显示对应构件的尺寸和偏心,如图 2.1.30 所示。

图 2.1.28　"构件选择"对话框

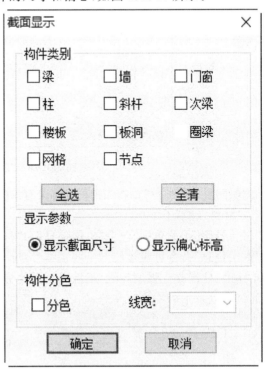

图 2.1.29　"截面显示"对话框

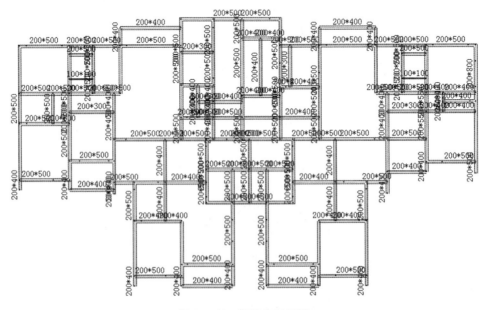

图 2.1.30　梁信息显示图

6. 楼板生成

（1）单击"楼板"→"生成楼板"按钮，程序将对楼板自行定义厚度，但在实际工程中由于每个房间跨度、荷载情况以及使用功能不同，一般情况下整层楼板板厚不可能为同一个厚度。当某个房间的板厚并非此值时，则可利用"修改板厚"命令进行修改。当房间为空洞口（例如楼梯间）时，或某房间的内容不打算画出时，可将该房间板厚修改为 0。

（2）修改板厚操作步骤：单击"修改板厚"按钮，将会出现如图 2.1.31 所示的对话框，在对话框中对板厚进行修改，用户应输入相应的板厚数值。例如，板厚为 120 mm，选择"光标选择"方式，如图 2.1.32 所示。

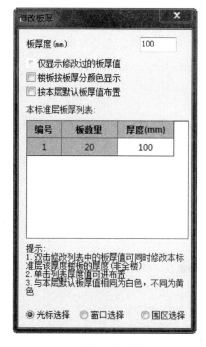

图 2.1.31　"修改板厚"对话框

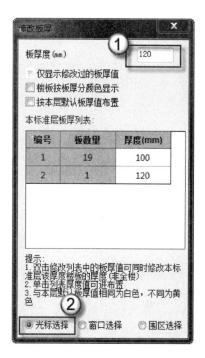

图 2.1.32　修改为 120 mm 板厚

用户将光标移至要修改的楼板上，当楼板边界显示红色时单击即可对楼板进行板厚的修改。操作界面如 2.1.33 图所示。

整体建模中建立了楼梯，应通过"修改板厚"命令，将楼梯间楼板厚度改为 0。修改后的图如图 2.1.34 所示。

（3）依照不同的楼板厚度依次对楼板进行修改，修改步骤如上述所示，下面将对 130 mm 板厚进行修改。单击"楼板"菜单，单击"修改板厚"按钮，切换选择方式后即可对楼板厚度进行修改，如图 2.1.35 所示。

切换至"光标选择"方式，单击需要修改的楼板即可对板厚进行修改。左半部分的楼板厚度如图 2.1.36 所示。

在"楼板"菜单下，单击"修改板厚"按钮。输入要修改的板厚值，切换选择方式后即可对楼板板厚进行修改，修改完成后一层楼板板厚如图 2.1.37 所示。

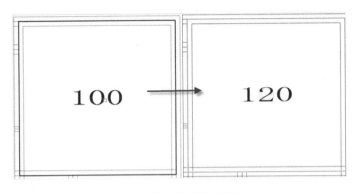

图 2.1.33 板厚修改前后

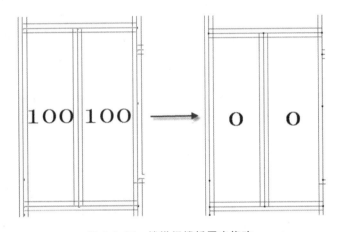

图 2.1.34 楼梯间楼板厚度修改

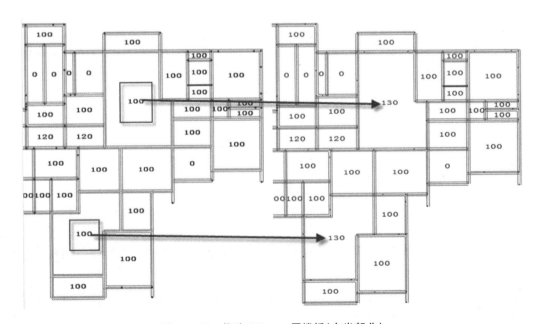

图 2.1.35 修改 130 mm 厚楼板(右半部分)

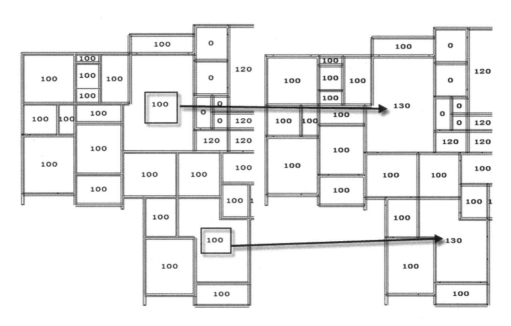

图 2.1.36　修改 130 mm 厚楼板(左半部分)

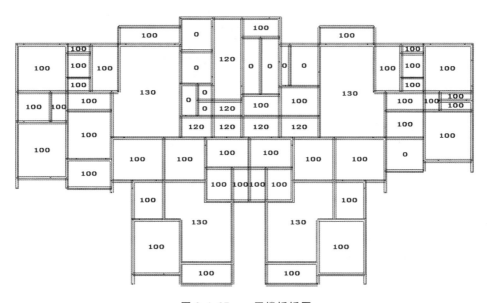

图 2.1.37　一层楼板板厚

7. 荷载

在同一结构标准层上输入作用在梁、墙、柱和节点上的恒载及活载。程序可以自动计算梁、墙、柱的自重和楼面传导到梁、墙上的恒载及活载,因此这些荷载不需要输入。其他外加的梁间、墙间、柱间和节点的恒载及活载要在这里输入。

注意:所有荷载均输入标准值,而非设计值。楼面均布恒载和活载,必须分开输入。楼面均布恒载应包含楼板自重。若程序增加了计算板自重的功能,此时楼面均布恒载应扣除楼板自重。梁、墙、柱的自重,程序会自动计算,不需要输入,但框架填充墙应折算成梁间均布线载输入。

(1)"荷载"菜单下包含"总信息""显示""恒载""活载""荷载编辑"等命令。实例中的梁、墙以及楼板都已经生成完毕。接下来开始对荷载进行输入。一是楼面荷载的输入,二是梁间荷载的输入。

(2) 用户可以选择自动计算楼板自重,此时均布恒载不应再计入楼板自重。单击"荷载"菜单,在子菜单"总信息"中单击"恒活设置"按钮,将会弹出"楼面荷载定义"对话框,如图 2.1.38 所示。勾选"自动计算现浇楼板自重",然后即可修改恒载、活载数值。修改完成后单击"确定"按钮,即可对楼板进行自动计算。系统自动计算现浇楼板自重,楼板恒载示意图如图 2.1.39 所示。

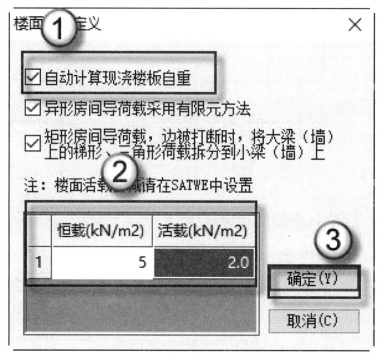

图 2.1.38 "楼面荷载定义"对话框

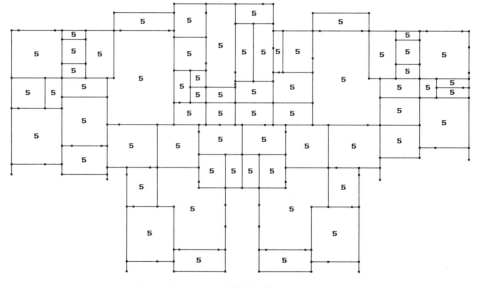

图 2.1.39 楼板恒载示意图

注意:荷载可分为下列三类。

①永久荷载,例如结构自重、土压力、预应力等。

②可变荷载,例如楼面活荷载、屋面活荷载和积灰荷载、吊车荷载、风荷载、雪荷载等。

③偶然荷载,例如爆炸力、撞击力等。

自重是指材料自身重量产生的荷载(重力)。

单击"荷载"→"恒载"→"板"按钮,将会弹出"修改恒载"对话框。在这里可以对楼面恒载值进行设置,也可同时设置或修改楼面活载,如图 2.1.40 所示。

注意:这里定义荷载标准层。凡是楼面均布恒载和活载都相同的相邻楼层都应视为同一荷载标准层,需输入该层的楼面均布恒载值和活载值各一个,该值应为该层大多数房间的值。

定义各楼面的恒、活均布面荷载标准层,输入的是荷载标准值。楼面荷载的设置应根据《建筑结构荷载规范》(GB 50009—2012)查询得到,基本恒载值如表 2.1.1 所示。

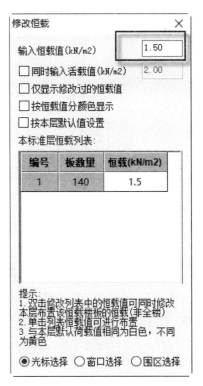

图 2.1.40 "修改恒载"对话框

表 2.1.1 基本恒载统计表　　　　　　　　单位:kN/m²

序号	房间名称	建筑装修荷载	二次装修荷载	备注	SATWE
1	客厅、餐厅、走廊、门厅	1.0	1.0		2
2	卧室、客房、书房、衣帽间	1.0	1.0		2
3	阳台、露台	1.0	1.0	露台无保温层	2
4	露台	$1.0+3.3+0.4\times14=9.9$	1.0	考虑保温隔热层重 3.3 kN/m²,考虑降板 0.4 m	11
5	厨房	1.0	1.0	当调坡距离较长时,尚应考虑相应荷载	2
6	卫生间	$0.5+0.4\times14=6.1$	1.0	考虑降板 0.4 m	7.1
7	上人平屋面	3.0	1.0	另考虑调坡 1.5 kN/m²	5.5
8	楼梯	9.0	1.0	用于两跑楼梯,多跑楼梯按实际取值	9.0

注:①上述荷载暂未考虑建筑线条、钢挂等具体建筑大样的荷载,如有变化将另外补充更改;②以上荷载不含板自重。

依照表 2.1.1 所列的楼面基本恒载设置,以楼梯恒载为例进行讲解。单击"荷载"→"恒载"→"板"按钮,出现"修改恒载"对话框,输入相应的恒载值,再用光标选择楼梯楼板,即可完成修改,如图 2.1.41所示。

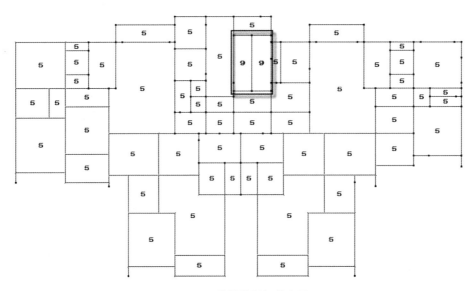

图 2.1.41 楼梯楼板恒载布置图

上述是楼梯楼板恒载的设置步骤,用户可按照上述步骤布置其余楼面恒载。楼面恒载依照《建筑结构荷载规范》(GB 50009—2012)取值,楼面恒载布置图如图 2.1.42 所示。

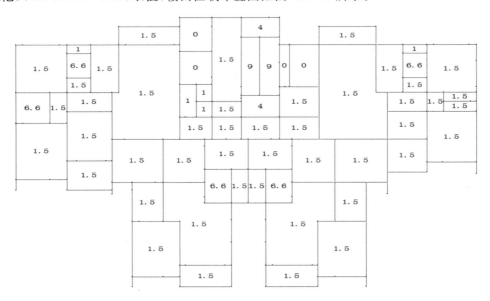

图 2.1.42 楼面恒载布置图

(3) 楼面恒载输入完成后输入楼面活载,楼面活载的设置同楼面恒载的设置。楼面活载的取值可查询《建筑结构荷载规范》(GB 50009—2012),民用建筑楼面均布活载值如表 2.1.2 所示。

表 2.1.2 民用建筑楼面均布活载查询

项次	类　　别	标准值/ (kN/m²)	组合值 系数 Ψ_c	频遇值 系数 Ψ_f	准永久值 系数 Ψ_q
1	(1)住宅、宿舍、旅馆、办公楼、医院病房、托儿所、幼儿园;			0.5	0.4
	(2)教室、试验室、阅览室、会议室、医院门诊室	2.0	0.7	0.6	0.5
2	食堂、餐厅、一般资料档案室	2.5	0.7	0.6	0.5
3	(1)礼堂、剧场、影院、有固定座位的看台;	3.0	0.7	0.5	0.3
	(2)公共洗衣房	3.0	0.7	0.6	0.5
4	(1)商店、展览厅、车站、港口、机场大厅及其旅客等候室;	3.5	0.7	0.6	0.5
	(2)无固定座位的看台	3.5	0.7	0.5	0.3
5	(1)健身房、演出舞台;	4.0	0.7	0.6	0.5
	(2)舞厅	4.0	0.7	0.6	0.3
6	(1)书库、档案库、贮藏室;	5.0	0.9	0.9	0.8
	(2)密集柜书库	12.0			
7	通风机房、电梯机房	7.0	0.9	0.9	0.8
8	汽车通道及停车库 (1)单向板楼盖(板跨不小于 2 m):				
	客车;	4.0	0.7	0.7	0.6
	消防车	35.0	0.7	0.7	0.6
	(2)双向板楼盖和无梁楼盖(柱网尺寸不小于 6 m×6 m):				
	客车;	2.5	0.7	0.7	0.6
	消防车	20.0	0.7	0.7	0.6
9	厨房: (1)一般的;	2.0	0.7	0.6	0.5
	(2)餐厅的	4.0	0.7	0.7	0.7
10	浴室、厕所、盥洗室: (1)第 1 项中的民用建筑;	2.0	0.7	0.5	0.4
	(2)其他民用建筑	2.5	0.7	0.6	0.5
11	走廊、门厅、楼梯: (1)宿舍、旅馆、医院病房、托儿所、幼儿园、住宅;	2.0	0.7	0.5	0.4
	(2)办公楼、教室、餐厅、医院门诊部;	2.5	0.7	0.6	0.5
	(3)消防疏散楼梯,其他民用建筑	3.5	0.7	0.5	0.3
12	阳台: (1)一般情况;	2.5	0.7	0.6	0.5
	(2)当人群有可能密集时	3.5			

查表可知实例中每个房间的楼面活载取值情况。单击"荷载"→"活载"→"板"按钮,弹出"修改活

载"对话框,如图 2.1.43 所示,在该对话框中也可以同时修改恒载。如果某个房间的活载要进行修改,输入新值,然后选择要修改的房间,即可实现某个房间的活载更改。或用窗口选取多个房间同时修改。系统自动定义的楼面活载示意图如图 2.1.44 所示。

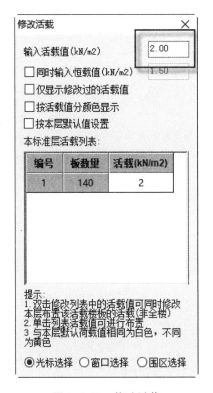

图 2.1.43　修改活载

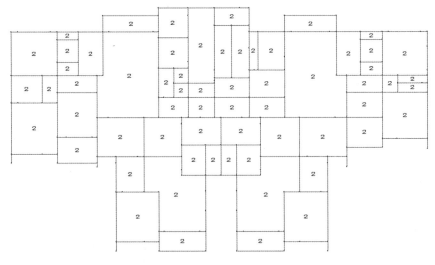

图 2.1.44　楼面活载示意图

　　由表 2.1.2 查询可得示例中房间的楼面活载取值,单击"荷载"→"活载"→"板"按钮,会出现"修改活载"对话框。在对话框中输入要修改的楼面活载值,选择"光标选择"方式对楼面活载进行逐一布置,布置图如图 2.1.45 所示。

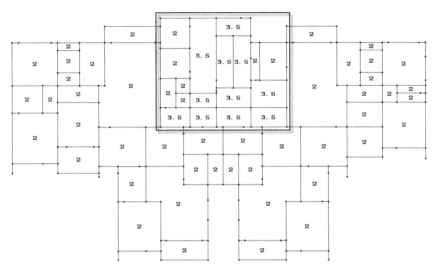

图 2.1.45　楼面活载局部布置图

　　楼面活载根据《建筑结构荷载规范》(GB 50009—2012)取值。楼面活载修改步骤为:单击"荷载"→"活载"→"板"按钮,在弹出的对话框中输入活载值,单击选择方式,对楼面活载进行布置。楼面活载完整布置图如图 2.1.46 所示。

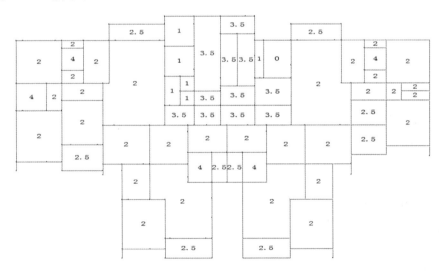

图 2.1.46　楼面活载完整布置图

　　(4) 布置梁间荷载。

　　布置梁间荷载前先调整荷载显示参数。在屏幕上方菜单栏单击"荷载",切换到荷载工具面板,单击"显示"→"荷载显示"按钮,弹出"荷载显示设置"对话框,如图 2.1.47 所示,可勾选需要显示的构件荷载类型,调整荷载数据文字显示参数。

　　布置梁间荷载。单击"恒载"→"梁"按钮,弹出"梁:恒载布置"对话框,在此对话框中对梁的恒载进行设置和布置,梁间恒载取值如表 2.1.3 所示。

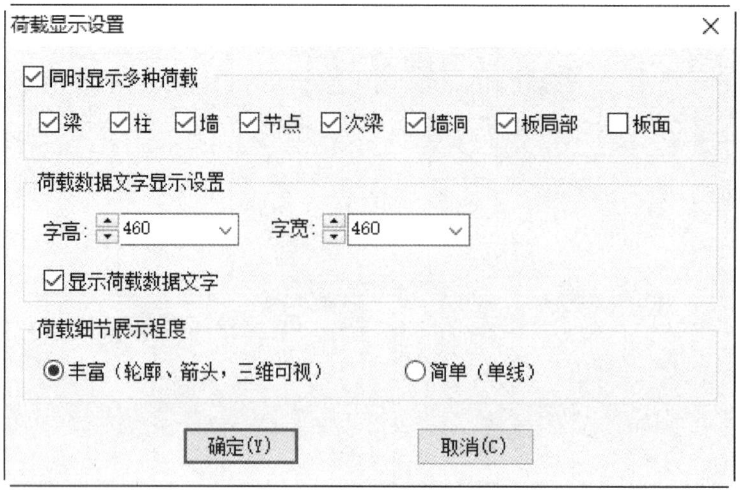

图 2.1.47 "导荷方式形式"对话框

表 2.1.3　基本梁间恒载统计

序号	墙体（双面粉刷）	墙体自重标准值/(kN/m²)
1	200 mm 厚加气块外墙（考虑贴面砖与保温）	2.8
2	200 mm 厚加气块普通内隔墙	$0.2 \times 8 + 0.04 \times 20 = 2.4$
3	150 mm 厚加气块普通内隔墙	$0.15 \times 8 + 0.04 \times 20 = 2.0$
4	150 mm 厚加气块厨厕内隔墙	2.2
5	100 mm 厚加气块普通内隔墙	$0.1 \times 8 + 0.04 \times 20 = 1.6$
6	100 mm 厚加气块厨厕内隔墙（考虑贴面砖）	1.8
7	窗（双层玻璃）	0.8

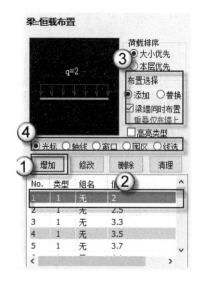

图 2.1.48　梁:恒载布置

在"梁:恒载布置"对话框中,通过"增加""修改""删除""清理"按钮来设置恒载,如图 2.1.48 所示。

"增加":定义一个新的荷载。单击"增加"按钮,弹出"添加:梁荷载"对话框。单击该对话框右下角"改荷载类型"按钮,在其右侧打开的"选择荷载类型"界面中共有 7 类梁荷载,在面板中挑选对应的荷载类型即可。在"添加:梁荷载"对话框左侧,填入正确的荷载数值,也可用填充墙计算器输入填充墙参数,自动计算结果,如图 2.1.49 所示。

"修改":修改已经定义过的荷载信息。如果修改了标准荷载的参数,已经布置于各个杆件上的荷载也将自动变化。

"删除":删除已经定义过的荷载信息。如果删除了标准荷载的参数,已经布置于各个杆件上的荷载也将自动删除掉。

"清理":清理掉未使用过的荷载定义。

（6）荷载布置。定义荷载后,选择需要布置的荷载,在"梁:

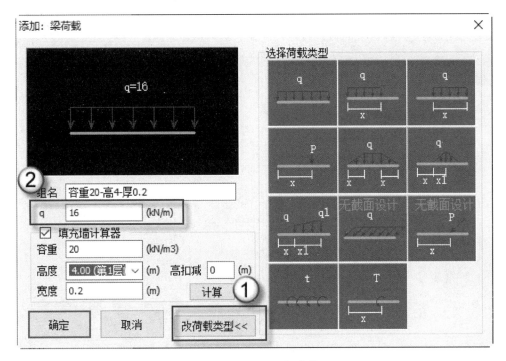

图 2.1.49　添加：梁荷载

恒载布置"对话框右上方，可进行布置选择，根据需要选择"添加"或"替换"，勾选"梁墙同时布置"。然后可以根据实际情况选择"光标""轴线""窗口""围区""线选"方式进行布置。梁间部分荷载布置示意图如图 2.1.50 所示。

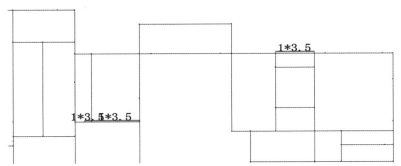

图 2.1.50　梁间部分荷载布置示意图

按"Tab"键切换选择方式，当命令栏提示"窗口方式"时即可布置梁间荷载。用光标拖动，与光标拖动框(蓝色的矩形框)相交的网格即被布置梁间荷载，如图 2.1.51 所示。

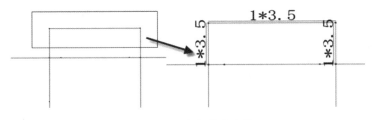

图 2.1.51　梁间荷载布置

　　用户可以按照上述操作步骤布置其他 3.5 kN/m 的梁间荷载,也可以通过"Tab"键切换任一种合适的荷载布置方式。3.5 kN/m 的梁间荷载布置图如图2.1.52所示。

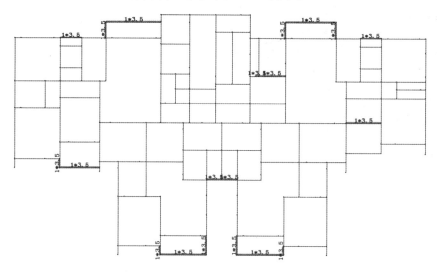

图 2.1.52　3.5 kN/m 的梁间荷载布置

　　按照计算荷载的方法计算可得内墙荷载值为 4.1 kN/m,在"梁:恒载布置"对话框中单击"增加"按钮,在弹出的"添加:梁荷载"对话框中选择荷载类型并输入荷载值。选择已定义的 4.1 kN/m 的梁间荷载,并按上述操作步骤进行布置。4.1 kN/m 的梁间荷载布置如图 2.1.53 所示。

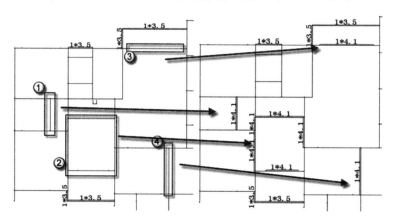

图 2.1.53　4.1 kN/m 的梁间荷载布置

　　重复用布置 3.5 kN/m 的梁间荷载的步骤布置其余 4.1 kN/m 的梁间荷载,布置图如图 2.1.54 所示。完成上述步骤,4.1 kN/m 的梁间荷载布置即可完成,如图 2.1.55 所示。

　　梁间荷载布置的关键是对梁间荷载进行取值。打开"梁:恒载布置"对话框,选择要布置的梁间荷载值,然后选择布置方式,在节点的网格间布置荷载。完成后的布置图如图 2.1.56 所示。

　　注意:输入梁荷载后,如果再作修改节点信息(删除节点、删除网点、形成网点、网点清理等)的操作,由于和相关节点相连的杆件的荷载将作等效替换(合并或拆分),所以此时应核对一下相关的荷载。

　　布置墙间荷载主要是指输入墙上的特殊荷载,与梁间荷载的操作方法基本相同。

　　梁间荷载布置完成后,则已经完成了主楼地上部分一层平面模型的建立。

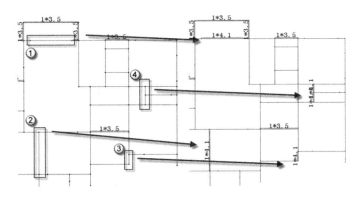

图 2.1.54　继续布置其余 4.1 kN/m 的梁间荷载

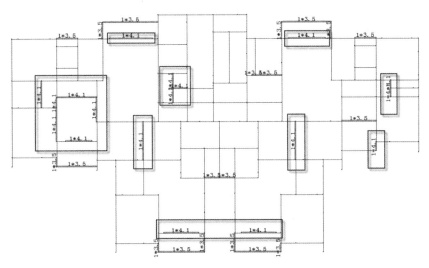

图 2.1.55　4.1 kN/m 的梁间荷载布置完成

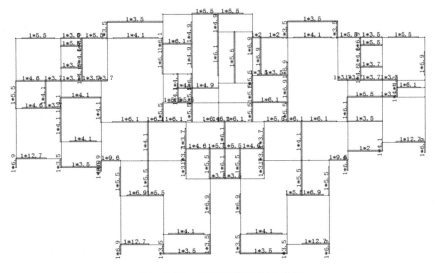

图 2.1.56　梁间荷载布置示意图

2.1.2 中间层平面模型

主楼地上部分的一层平面模型已经完成建模,接下来开始进行中间层平面建模。建模的步骤和一层平面图建模的步骤相似,包括布置剪力墙、布置梁、生成楼板以及输入荷载。输入荷载分输入楼面荷载和输入梁间荷载。现在开始建立中间层平面模型。

1. 生成中间层平面模型

因为中间层平面图和一层平面图结构相似,所以可以通过复制一层平面图,再对其局部进行修改,从而得到中间层平面图。

(1) 单击右上角"第1标准层"右侧三角形,在下拉菜单中单击"添加新标准层"按钮,会弹出"选择/添加标准层"对话框。在"选择/添加标准层"对话框中选择要复制的内容,选择完毕后,单击"确定"按钮即可实现复制,具体操作步骤如图 2.1.57 所示。

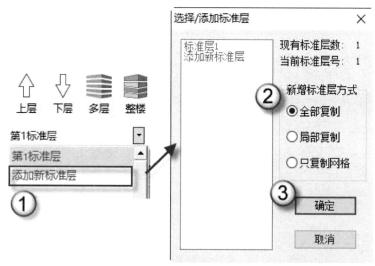

图 2.1.57　选择/添加标准层

中间层复制完毕后,用户应根据结构布置图对中间层结构图进行参照布置。检查是否有多余的柱、梁或者墙。若缺少某些构件,用户可对构件进行重新布置。复制一层平面图如图 2.1.58 所示。

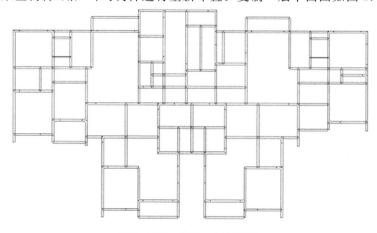

图 2.1.58　复制一层平面图

（2）梁布置在节点的网格上，在布置梁前用户应增加节点间的网格。单击"轴网"→"绘图"→"两点直线"按钮，在命令框提示"指定第一点"时，选择要画网格的第一点，在命令栏提示"指定下一点"时，选择下一点即可，如图2.1.59所示。

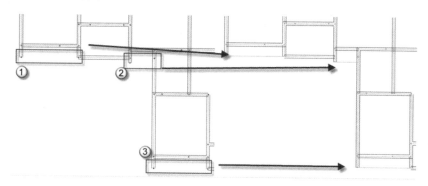

图 2.1.59　绘制网格

按上述操作绘制网格，绘制好网格后即可在网格上布置梁。按照布置图中梁的截面宽度对中间层平面图进行梁布置，效果图如图2.1.60所示。

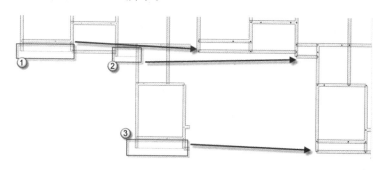

图 2.1.60　布置梁

（3）对结构中某些构件进行删除，可用"构件"→"修改"菜单下的"构件删除"按钮对构件进行逐一删除。主要操作步骤如下：单击"构件"→"修改"菜单，单击"构件删除"按钮，会出现如图2.1.61所示的"构件删除"对话框。

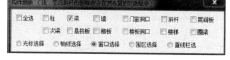

图 2.1.61　"构件删除"对话框

在此对话框下，用户若是对结构柱进行删除，应勾选"柱"选项，下面有五种选择方式，光标选择、轴线选择、窗口选择、围区选择和直线栏选。用户可视情况选定某一选择方式，然后对结构构件进行删除，也可以同时选择多个构件进行删除。删除构件完毕后按"Esc"键结束操作。

删除构件后单击"轴网"→"绘图"菜单，选择"两点直线"命令添加网格，添加网格后应增加相应的节点，没有节点，梁就不能布置在相应的网格上。这时应该增加相应的节点，单击"节点"按钮，在网格的交点处单击即可增加节点。结果如图2.1.62所示。

（4）绘制好网格和节点后即可在上面布置梁。单击"构件"→"梁"按钮，在弹出的"梁布置"对话框中选择需要布置的梁截面，使用"点"布置方式即可布置梁，如图2.1.63所示。

按照上述步骤可对中间层其他构件进行修改、布置等，完成后的布置图如图2.1.64所示。

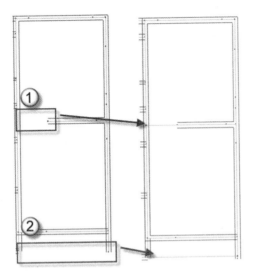

图 2.1.62　绘制节点、网格

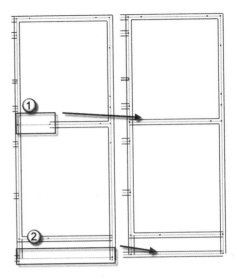

图 2.1.63　布置梁

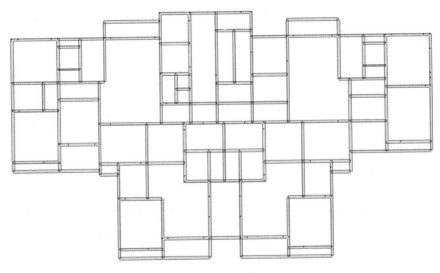

图 2.1.64　中间层平面图

2. 楼板生成

（1）单击"楼板"菜单，选择"生成楼板"按钮，程序将对楼板厚度自行定义。但在实际工程中，每个房间跨度、荷载以及使用功能不一定相同，一般情况下整层楼板不可能为同一个厚度，当某个房间的板厚并非此值时，可利用"修改板厚"命令进行修改。

单击"修改板厚"按钮，在弹出的"修改板厚"对话框中输入要修改的楼板板厚，确定选择方式，对楼板厚度进行修改。具体操作与一层标准层修改板厚的步骤相同。修改后楼板板厚如图 2.1.65 所示。

（2）楼板厚度修改后将进行荷载的输入，首先是楼面荷载，然后是梁间荷载。荷载的输入方式与一层相同，此处不再赘述。

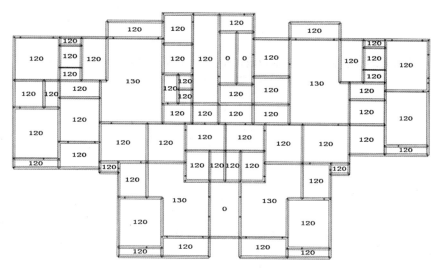

图 2.1.65　中间层楼板板厚

2.1.3　顶层平面模型

主楼地上部分的建模,一层平面模型、中间层平面模型已经完成建模,接下来开始主楼最后一部分顶层平面模型的建立。建模的步骤和前述的模型建立步骤相似,包括布置剪力墙、布置梁、生成楼板以及输入荷载。输入荷载分为输入楼面荷载和输入梁间荷载。现在开始建立顶层平面模型。

1. 生成顶层平面模型

按照中间层平面复制一层平面模型的方法,顶层平面模型复制中间层平面模型即可。

(1) 单击右上角标准层选择处,单击"添加新标准层"按钮。具体步骤参照中间层平面模型的复制方法。复制完成后即开始对顶层平面模型进行修改。单击"构件"→"修改"→"构件删除"按钮,会弹出"删除构件"对话框。勾选"梁""墙"选项,单击"窗口选择"方式,如图 2.1.66所示。

图 2.1.66　"构件删除"对话框

按照图 2.1.66 选择要删除的构件,用"窗口选择"方式对平面模型进行删除,与窗口相交的构件即被删除,如图 2.1.67 所示。

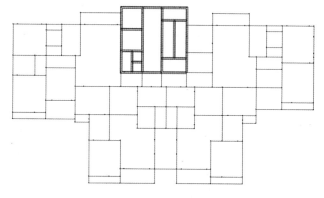

图 2.1.67　删除构件

　　用户操作得到图 2.1.67 以后,按照初步布置图的顶层平面结构形式对顶层模型进行修改。删除构件、绘制两点直线、绘制节点,最后布置梁。

　　完成上述步骤,则梁的布置完成。整体布置图如图 2.1.68 所示。

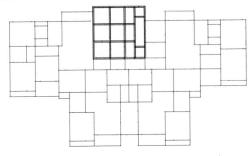

图 2.1.68　顶层布置图

2. 生成楼板

(1)上述操作完成后即可对平面模型进行楼板生成。

　　楼板生成之后的厚度如图 2.1.69 所示。然后布置楼面荷载和梁间荷载,修改完成后的楼面恒载如图 2.1.70 所示,楼面活载如图 2.1.71 所示,梁间荷载布置图如图 2.1.72 所示。

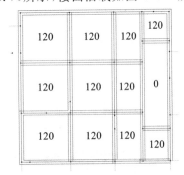

图 2.1.69　楼板厚度图

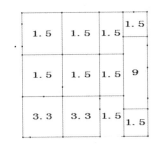

图 2.1.70　修改楼面恒载

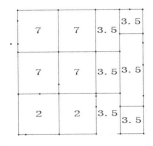

图 2.1.71　修改楼面活载

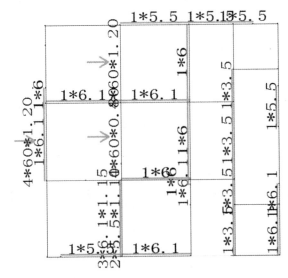

图 2.1.72　梁间荷载布置图

（2）回到首选菜单界面。顶层平面模型还有一部分需要单独建立。具体步骤依照上述操作：复制上一层平面模型，删除构件，绘制网格、节点，最后在网格上布置梁。单击"构件删除"按钮，在弹出的"构建删除"对话框中勾选要删除的构件，切换"窗口选择"方式即可对构件进行删除，删除后如图2.1.73所示。

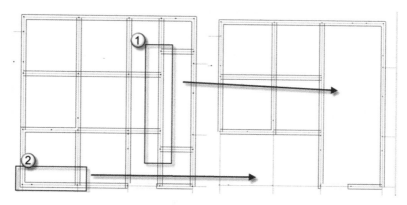

图 2.1.73　构件删除

删除构件后即可绘制网格、节点，如图 2.1.74 所示。

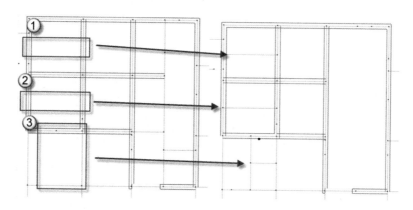

图 2.1.74　绘制网格、节点

（3）完成网格、节点绘制后即可在上面布置梁。选择要布置的梁截面，切换选择方式进行梁的布置，如图 2.1.75 所示。

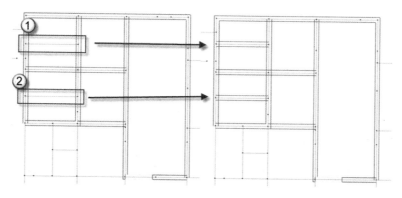

图 2.1.75　梁布置图

完成梁的布置后即完成对顶层结构平面图的绘制,如图 2.1.76 所示。

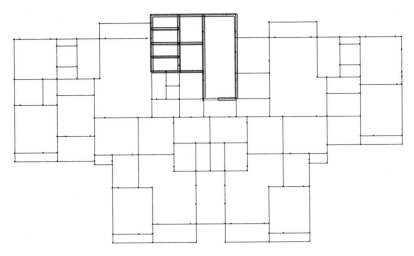

图 2.1.76　顶层结构平面图

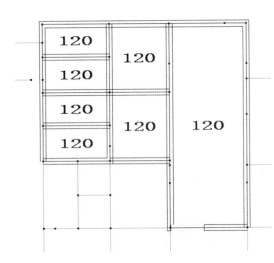

图 2.1.77　楼板生成图

（4）生成楼板。楼板生成后如图 2.1.77 所示。

（5）楼面荷载设置。楼面恒载设置如图 2.1.78 所示。

"修改恒载"对话框中可同时输入活载。楼面活载设置如图 2.1.79 所示。

单击"荷载"→"恒载"→"梁"按钮,在弹出的"梁:恒载布置"对话框中选择要布置的梁间荷载值,梁间荷载布置如图 2.1.80 所示。

回到主菜单界面,先单击"保存"按钮,再单击"退出"按钮,选择"存盘退出"。在弹出的"请选择"对话框中勾选后续操作,如图 2.1.81 所示。单击"确定"按钮,系统会自动开始后续操作。此时即完成了主楼地上部分的建模。

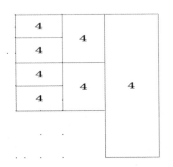

图 2.1.78　楼面恒载设置

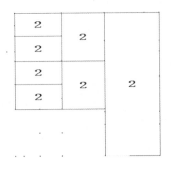

图 2.1.79　楼面活载设置

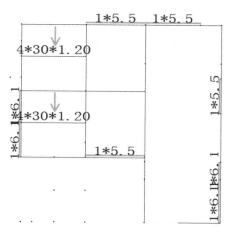

图 2.1.80　梁间荷载布置

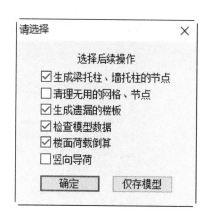

图 2.1.81　选择后续操作

2.2　主楼地下部分建模

主楼的高度一般高于裙楼,两者在功能上略有不同。裙楼是对主楼功能的补充,如商业功能、配套娱乐功能等,当然也可以和主楼功能一样。在实际工程中,主楼包含地上部分和地下部分,本节介绍主楼地下部分建模。

2.2.1　建立主楼地下室模型

地下室在整体建筑结构中是很重要的一部分,一些重要的设施、管道往往都深埋在地下室。较好地利用地下室的空间可减少很多不必要的麻烦,这个时候地下室的作用就显得尤为重要,地下室的结构在整个建筑中也显得举足轻重。

双击计算机桌面上的"PKPM"快捷图标,或者使用桌面"多版本 PKPM"工具启动 PKPM 主界面,如图 2.2.1 所示。

在对话框左上角的专业分页上选择"结构"菜单主页,对话框右上角的专业模块列表中选择"结构建模"选项。单击 PKPM 主界面左侧的"SATWE 核心的集成设计"模块,使其变蓝,之后单击其右侧的"新建/打开"按钮,会弹出"选择工作目录"菜单。建立模型前,应在计算机硬盘上提前建立该模型的存放目录,在"选择工作目录"菜单中选择建好的存放目录,如图 2.2.2 所示。

建立工作子目录后,PKPM 主界面上"新建/打开"按钮下方的预览框会变成蓝色,鼠标左键双击蓝色预览框即可进入 PMCAD 主界面,第一次操作时会弹出"请输入工程名"对话框,可任意输入字符,单击"确定"按钮,进入操作主界面。

1. 轴线输入

在作图区正上方的一排标题栏中,单击"轴网"菜单,分别有"绘图""轴线""网点""修改""设置"等操作功能区。

程序要求平面布置的所有构件都要以网格线和节点为基准,因此凡是需要布置构件的位置一定先用"正交轴网""圆弧轴网"命令布置轴线,程序自动在轴线相交处生成节点,两节点之间的一段轴线称为网格线。梁、墙等构件应布置在两节点之间的网格线上,柱布置在节点上。轴线输入是整个建模交互输

图 2.2.1 PKPM 主界面

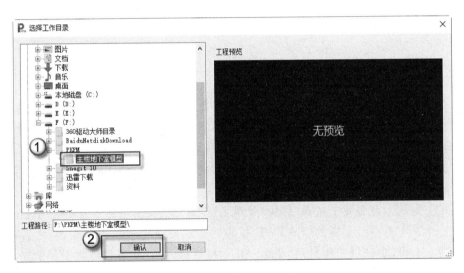

图 2.2.2 选择工作目录

入中最重要的环节之一,只有绘制出准确的定位轴网,才能为构件布置打下良好的基础。

单击"轴网"菜单,可以看到程序提供了多种绘制节点、直轴线和弧轴线的命令,再配合各种捕捉工具,如网格捕捉、节点捕捉、角度捕捉等,可以绘制出各种形式的复杂轴网。各菜单项配合各种捕捉工具、热键等,构成了一个小型的绘图系统,用于绘制各种形式的轴线。

(1)单击"轴线"→"正交轴网"按钮,将弹出"直线轴网输入对话框",如图 2.2.3 所示。

说明:

①"上开间"不输入数据表示与"下开间"相同,"右进深"不输入数据表示与"左进深"相同。

②"改变基点"命令用于改变直线轴网插入的基准点,程序默认的基准点是轴网左下角节点。

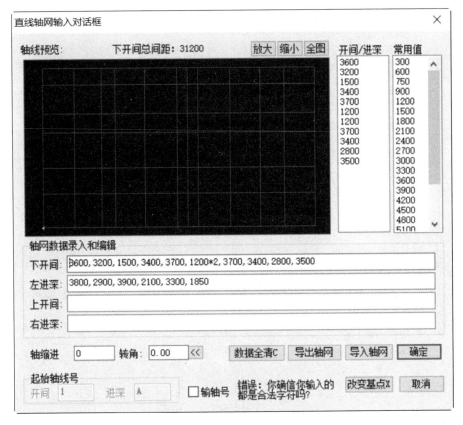

图 2.2.3 直线轴网输入对话框

③"数据全清"命令可在输入数据混乱时,清除全部已输入数据,以便重新输入。

④ 若勾选"输轴号",并在其左侧输入"开间"和"进深"的轴线起始号,程序会自动对轴线命名。

(2) 在"下开间"和"左进深"处输入如图 2.2.3 所示的数据,单击"确定"按钮,再单击作图区上任一点即可得到如图 2.2.4 所示的轴网生成图。

说明:当轴线形成完毕后,在所有轴线相交处及轴线本身的端点、圆弧的圆心处都会产生一个白色的"节点",将轴线划分为"网格"与"节点"的过程是在程序内部适时自动进行的。

(3) 选择"绘图"菜单,单击"圆弧"按钮,屏幕下方提示"输入圆弧圆心"。单击屏幕右下角"对象捕捉"按钮,激活对象捕捉方式;或单击"S"键,在弹出的捕捉方式中选择"只捕中点",当光标移动到最右端轴线中部时,光标显示为三角形,即捕捉到直轴线的中点,单击鼠标左键选择该点为圆弧轴线的圆心。屏幕下方即提示:

"输入圆弧半径,起始角([A]-锁定角度/[R]-锁定半径/[I]-直接输值)"

点选该轴线下端点,接着又提示:

"输入终止角([A]-终止角/[J]-夹角/[R]-解锁半径/[D]-顺逆反转/[I]-直接输值)"

再点选该轴线上端点。单击鼠标右键或敲击"Esc"键两次,即可结束绘圆弧命令。圆弧示意图如图 2.2.5 所示。

(4) 单击"两点直线"按钮,屏幕下方会提示:

"指定第一点"

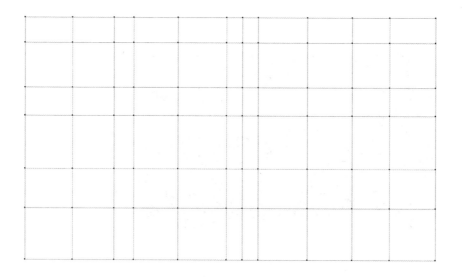

图 2.2.4 轴网生成图

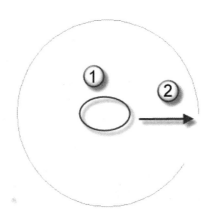

图 2.2.5 圆弧示意图

选择右轴线的一节点作为直线的起点,接着又提示:

   "指定下一点"

单击屏幕右下角"正交模式"按钮,移动光标,在与圆弧相交处单击鼠标左键,绘出水平直线,如图 2.2.6 所示。

图 2.2.6 两点直线示意图

说明:程序提供正交和非正交两种绘直轴线方式。同一轴线,可以采用不同的输入方式。

2. 轴线命名

"轴线命名"是在网点生成后为轴线命名的命令。执行此命令可以对光标点取的单根轴线命名,也可以对一组平行的轴线命名。

单击"轴网"→"轴线"→"轴线命名"按钮,屏幕下方提示:

　　"轴线名输入:请用光标选择轴线([Tab]成批输入)"

按"Tab"键一次(若按两次,就会返回到用光标逐一选择轴线了),接下来依次出现提示:

　　"移光标点取起始轴线""移光标去掉不标的轴线([Esc]没有)""输入起始轴线名"

根据提示命令依次操作:用鼠标点取①轴;点取不标轴线号的轴线,按下"Esc"键,输入数字"1",按下"Enter"键;用光标点取Ⓐ轴,选择要去掉的中间的纵向轴线,按下"Esc"键,输入字母"A",敲击键盘"Enter"键得到显示轴线编号的轴网。如图 2.2.7 所示为带轴号的轴网图。

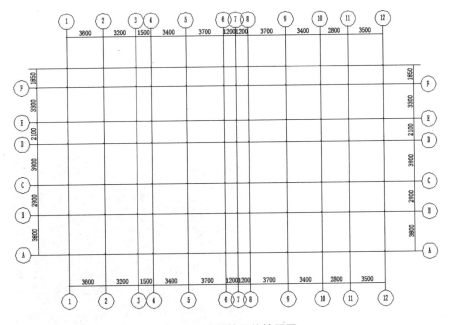

图 2.2.7　带轴号的轴网图

3. 构件布置

轴线输入完成后,就可以对柱、梁、墙、板等构件进行布置。单击"构件"菜单,显示各类构件布置子菜单。

(1) 柱定义。

在"构件"下拉菜单中选择"构件"→"柱"按钮,弹出如图 2.2.8 所示的"柱布置"和"柱布置参数"对话框。

单击"增加"按钮,弹出如图 2.2.9 所示的"截面参数"对话框。选择截面类型为矩形,单击图 2.2.9 中①处的箭头按钮,会弹出如图 2.2.10 所示柱截面类型选项板,共列出了 35 种柱截面类型,矩形柱则选择截面类型为 1。

如图 2.2.9 所示,设置矩形截面宽度为 500 mm,矩形截面高度为 500 mm,材料类别为混凝土,柱截面参数设置完成,单击"确认"按钮。重复上述步骤,新建 400 mm×400 mm 矩形截面柱和 400 mm×600 mm 矩形截面柱。

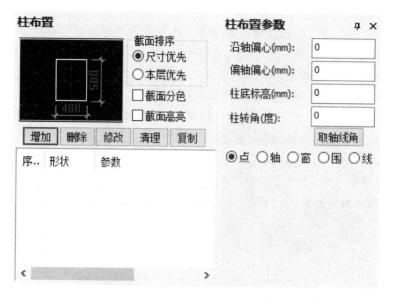

图 2.2.8 "柱布置"和"柱布置参数"对话框

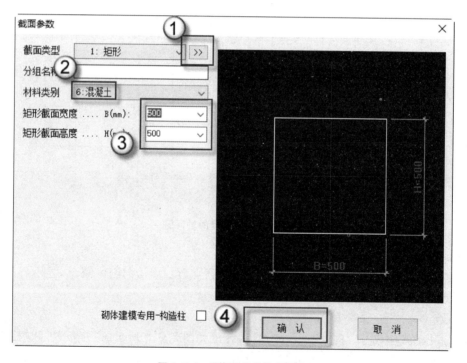

图 2.2.9 "截面参数"对话框

注意:程序要求所有构件先定义后布置。修改构件定义后,已布置的构件会自动更新。

柱定义后,即可进行柱布置。程序规定柱必须布置在节点上,每个节点只能布置一根柱,如果需要修改已布置好的柱的截面尺寸或类型,可以先选中要修改的截面类型,再单击"柱布置"对话框中的"修改"按钮,对柱定义数据进行修改,已布置好的柱将自动更新。此时的"修改"命令将对所有这一尺寸的柱子都进行更改。如果仅需更改一根柱子,可使用"构件"→"修改"→"截面替换"命令,对单根柱截面进

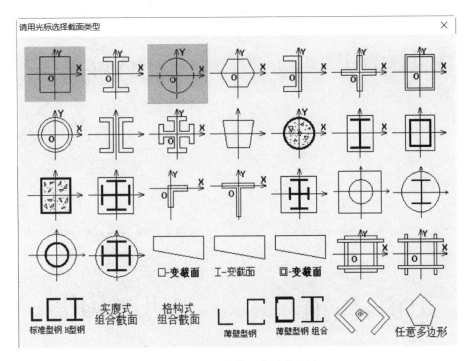

图 2.2.10 柱截面类型选项板

行修改。

(2)在"柱布置参数"对话框中可设置柱的偏心、柱底标高及柱转角等,也可选取布置方式。

◇ 沿轴偏心:0 表示柱截面中心在截面宽度方向上与参考节点重合;正值表示在该方向上右偏的距离,负值则表示在该方向上左偏的距离。

◇ 偏轴偏心:0 表示柱截面中心在截面高度方向上与参考节点重合;正值表示在该方向上偏的距离,负值则表示在该方向下偏的距离。

◇ 柱底标高:0 表示柱底与楼层标高相等;正值表示高于楼层标高,负值表示低于楼层标高。

◇ 柱转角:表示柱截面宽度方向与水平轴线的夹角。

程序提供多种构件布置方式,通过连续敲击"Tab"键,可以在多种方式间依次转换,也可以在相关对话框上直接选择布置方式,常用的方式如下。

◇ 点:构件布置在光标选择的节点或网格上面。

◇ 轴:构件布置在光标选择轴线的所有节点或网格上面。

◇ 窗:构件布置在光标围成的矩形窗口内的所有节点或网格线上面。

◇ 围:构件布置在光标围成的任意围栏内的所有节点或网格线上面。

◇ 线:构件布置在光标连成的直线上的所有节点或网格上面。

将模型中所需的柱截面类型设置完成后,开始布置柱,选择所需柱截面类型,单击,显示蓝色即表示选中,直接到绘图界面布置即可。

选择 500 mm×500 mm 柱截面,在"偏轴偏心"栏里输入"100",选择"点"方式,布置第一根柱,得到如图 2.2.11 所示的偏轴偏心距为 100 mm 的偏心柱。

选择 400 mm×600 mm 柱截面,在"偏轴偏心"栏里输入"0",布置第二根柱,如图 2.2.12 所示。

选择 400 mm×600 mm 柱截面,在"偏轴偏心"栏里输入"100",布置第三根柱,如图 2.2.13 所示。

选择 400 mm×400 mm 柱截面,在"沿轴偏心"栏里输入"100",柱布置如图 2.2.14 所示。

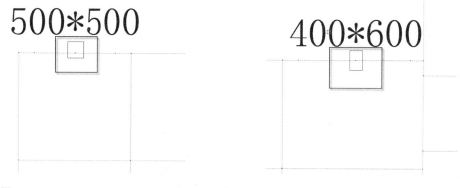

图 2.2.11　500 mm×500 mm 柱 1　　　　　图 2.2.12　400 mm×600 mm 柱 1

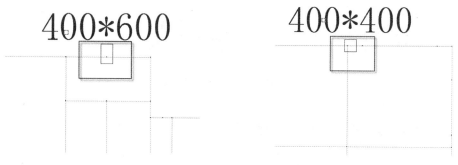

图 2.2.13　400 mm×600 mm 柱 2　　　　　图 2.2.14　400 mm×400 mm 柱 1

选择 500 mm×500 mm 柱截面,在"沿轴偏心"栏里输入"0",柱布置如图 2.2.15 所示。

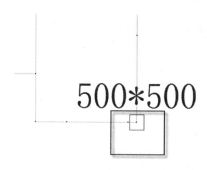

图 2.2.15　500 mm×500 mm 柱 2

选择并布置 400 mm×400 mm 柱截面,如图 2.2.16 所示。

选择并布置 500 mm×500 mm 柱截面,如图 2.2.17 所示。

本层地下室模型中有 7 根柱,设置完成后,柱布置平面图如图 2.2.18 所示。

说明:在柱布置时,应遵循以下原则。

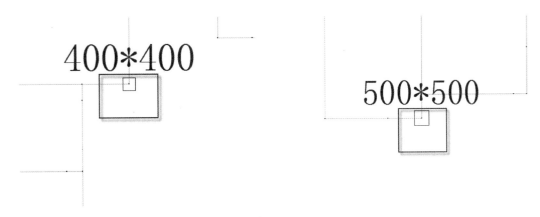

图 2.2.16　400 mm×400 mm 柱 2　　　　　图 2.2.17　500 mm×500 mm 柱 3

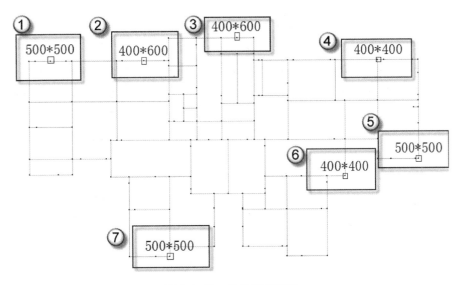

图 2.2.18　柱布置平面图

①柱布置在节点上,每个节点上只能布置一根柱。

②柱相对于节点可以有偏心和转角,柱宽边方向与 X 轴的夹角称为转角,柱截面形心沿柱宽方向的偏心称为“沿轴偏心”,向右为正,向左为负;柱截面形心沿柱高方向的偏心称为“偏轴偏心”,以上为正,以下为负。“柱转角”即柱截面形心旋转的角度,逆时针为正,顺时针为负。

③如果柱布置采用沿轴线布置方式,柱的方向自动取轴线方向。

(3) 在 PKPM 的 V5.2 版本软件中,“构件”主菜单下包含“构件”“补充”“修改”“层间编辑”“材料强度”等子菜单。工程设计中采用的所有梁、柱、墙、墙洞、斜杆等都需要在此菜单下定义,以便下一步使用。

“梁”“墙”定义和布置在第 2.1.1 节第 5 点“构件”中有详细解释,操作方法一致,此处不再赘述。

如有错误,单击“构件”→“修改”中的命令进行修改。

完成柱、梁、墙布置后会得到如图 2.2.19 所示的地下室梁柱墙结构平面图。

4. 楼板生成

主界面上方的菜单中“楼板”下拉菜单面板中均是有关楼板的操作,包含自动生成楼板、楼板错层设

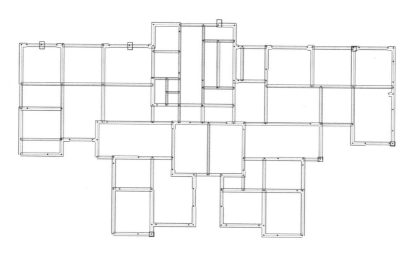

图 2.2.19　地下室梁柱墙结构平面图

置、修改板厚、板洞设置、悬挑板布置、预制板布置等功能。

单击"楼板"→"生成楼板"按钮，程序自动在本标准层被梁、墙四面封闭的房间中布置楼板，板厚默认与楼层同高。作图区会出现每块区域板的厚度。有些开洞的地方板厚是 0，比如楼梯间开洞，其板厚就是 0，此时就需要修改板厚，直接单击"修改板厚"按钮，在弹出的对话框中，可修改板厚。

布置错层楼板：单击"错层"按钮，弹出"楼板错层"对话框，例如输入楼板错层值"70"，选择卫生间，使其楼板下降 70 mm。

布置悬挑板：悬挑板是阳台、雨篷、挑檐、遮阳板等构件，其布置方式与其他构件类似。

具体操作第 2.1 节有详细介绍，此处不再赘述。最终完成的楼板平面图如图 2.2.20 所示。

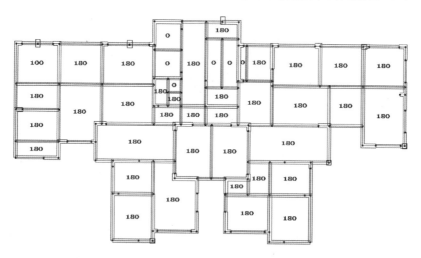

图 2.2.20　楼板平面图

5. 检查本层信息

"构件"→"材料强度"菜单中，包含"本层信息"和"材料强度"两个命令。

单击"本层信息"按钮，弹出"标准层信息"对话框。该对话框中对楼层的一些基本参数信息进行设置，主要有板厚、板混凝土强度等级、板钢筋保护层厚度、柱混凝土强度等级、梁混凝土强度等级、剪力墙混凝土强度等级、梁主筋级别、柱主筋级别、墙主筋级别以及本标准层层高等,如图 2.1.21 所示。

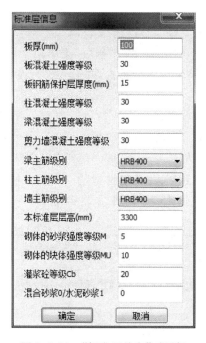

图 2.2.21　"标准层信息"对话框

如果需要,可对构件中的个别构件设置不同的混凝土强度等级和钢号。

说明:如果构件定义中指定了材料是混凝土,则无法指定这个构件的钢号,反之亦然。对于型钢混凝土构件,二者都可以指定。

6. 荷载输入

"荷载"菜单用于定义并布置作用于结构标准层中梁、柱、墙、板等构件和节点上的荷载,以及某些特殊荷载。

荷载输入时所需参数如表 2.1.1、表 2.1.3 和表 2.2.1 所示。具体的布置方法与 2.1 节相同,此处不再赘述。

表 2.2.1　基本活载表　　　　　　　　　　　　　　　　单位:kN/m²

位　　　置	数　　值	备　　注
上人屋面	2.0	
阳台	2.5	
不上人屋面、挑檐,雨篷	0.5	
楼梯及走廊	2.0	
厨房,餐厅	2.0	
露台,屋顶平台	2.5	
卫生间	4.0(2.0)	有浴缸(无浴缸)

2.2.2 楼层组装

"楼层"菜单包括"组装""拼装""支座""标准层""查询"5个子菜单。"组装"子菜单主要有"设计参数""全楼信息""楼层组装""动态模型"4个命令。"楼层"菜单用于完成建筑物的竖向布局,即把已定义的结构标准层和荷载标准层从上至下进行组装布置,并输入层高连接成整体结构。

1. 设计参数

单击"设计参数"按钮,屏幕弹出各类信息设计参数选项卡。可以根据要求作相应的修改。修改完毕后,按"确定"按钮返回,或按下"放弃"键放弃修改。

在总信息设计参数选项卡中,结构体系选择"剪力墙结构",结构主材选择"钢筋混凝土",结构重要性系数选择"1.0",梁钢筋的混凝土保护层厚度设置为 25 mm,柱钢筋的混凝土保护层厚度设置为 30 mm,框架梁端负弯矩调幅系数设置为 0.85,考虑结构使用年限的活荷载调整系数设置为 1,如图 2.2.22所示。

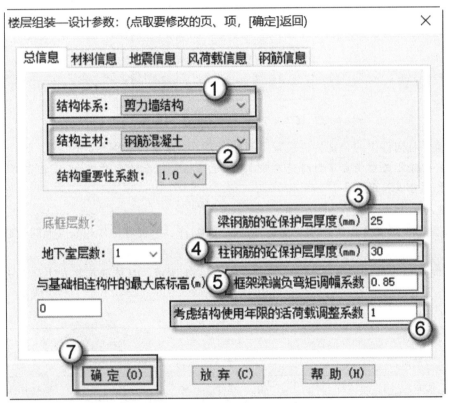

图 2.2.22 "总信息"设计参数选项卡

在材料信息设计参数选项卡中,混凝土容重设置为 25 kN/m³(此处在工程项目中放大了),钢材容重为 78 kN/m³,主要墙体材料为混凝土,墙水平分布筋级别为 HPB300,墙竖向分布筋级别为 HPB300,墙竖向分布筋配筋率为 0.3%,梁箍筋级别为 HRB400,柱箍筋级别为 HRB400,如图 2.2.23 所示。

在地震信息设计参数选项卡中,设计地震分组为第 1 组,地震烈度为 7(0.1g),场地类别设置为二类,混凝土框架抗震等级为二级,剪力墙抗震等级为四级,如图 2.2.24 所示。

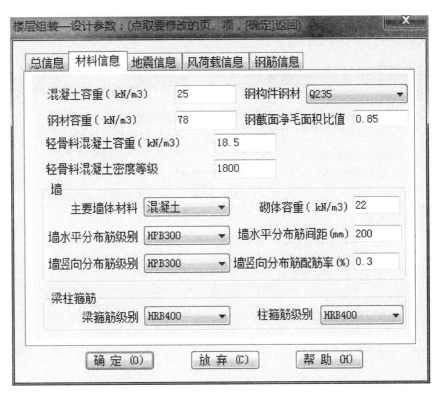

图 2.2.23　材料信息设计参数选项卡

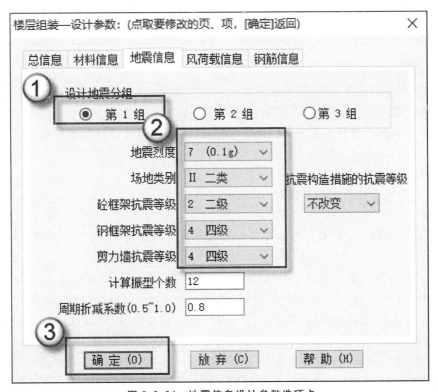

图 2.2.24　地震信息设计参数选项卡

在风荷载信息设计参数选项卡中,修正后的基本风压设置为 0.55 kN/m^2,地面粗糙度类别为 C 类,沿高度体型分段数为 2,如图 2.2.25 所示。

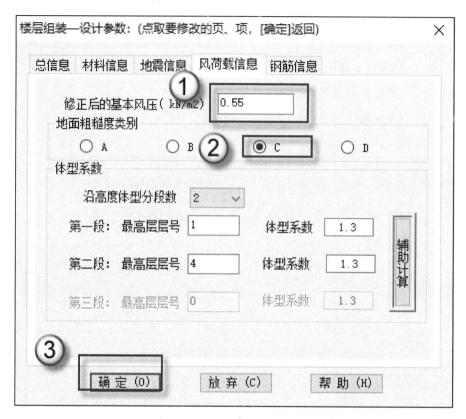

图 2.2.25 风荷载信息设计参数选项卡

在钢筋信息设计参数选项卡中,钢筋强度设计值如图 2.2.26 所示,检查准确无误后单击"确定"按钮,完成设计参数设置。

设计参数的具体参数,主要参考工程项目所在地址、工程项目实际情况进行设置,每个工程都不相同。

2. 全楼信息

"全楼信息"命令用于核查整个模型的基本信息参数。

3. 楼层组装

"楼层组装"命令的作用是将构件布置和荷载输入完成的各标准层,按一定规则和顺序组合成整体结构模型。

(1)创建好的标准层可以从 PMCAD 标题栏最右边的标准层下拉菜单中看到,如图 2.2.27 所示。

(2)单击"楼层"→"组装"→"楼层组装"按钮,弹出如图 2.2.28 所示的"楼层组装"对话框。

(3)先在"复制层数"下选择"1","标准层"下选择"第 1 标准层","层高(mm)"设定为"4000",然后单击"增加"按钮,在"组装结果"下会出现层号 1 层的布置。

(4)在"复制层数"下选择"1","标准层"下选择"第 2 标准层","层高(mm)"设定为"5100",然后单击"增加"按钮,在"组装结果"下会出现层号 2 层的布置。

(5)在对话框左侧"复制层数"栏里选择"28","标准层"下选择"第 5 标准层","层高(mm)"设定为

图 2.2.26　钢筋信息设计参数选项卡

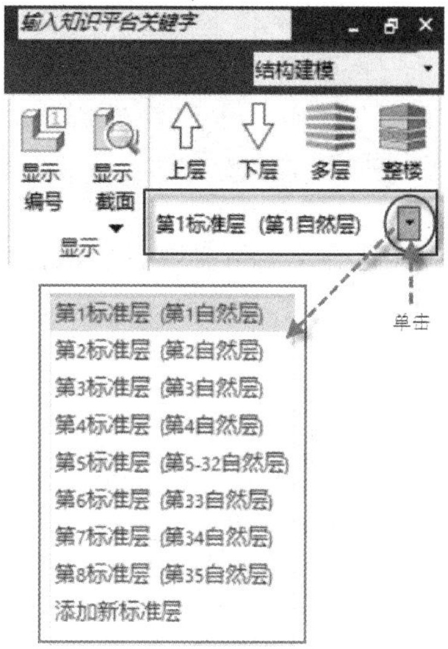

图 2.2.27　查看标准层

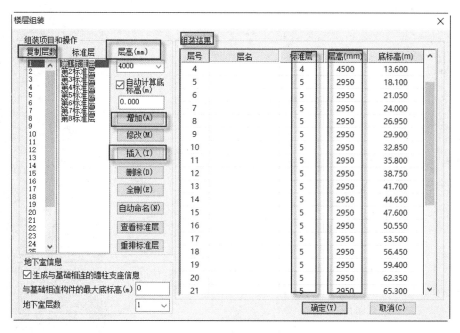

图 2.2.28　"楼层组装"对话框

"2950",然后单击"增加"按钮,在"组装结果"下会出现 3～30 层的布置。

（6）在对话框右侧"组装结果"框中选中层号"3",再在左侧"复制层数"栏里选择"1","标准层"下选择"第 3 标准层","层高（mm）"指定为"4500",然后单击"插入"按钮,在"组装结果"下会插入标准层为第3 层、层高 4500 mm 的第 3 层。

用同样的方法,可插入标准层为第 4 层、层高 4500 mm 的第 4 层。

说明: 选择"自动计算底标高",程序会自动计算各自然层的底标高,采用楼层号由低到高顺序排列的普通楼层组装方式,这种组装方式适用于大多数常规工程。如不选择该项,允许为每个自然楼层指定底标高,即采用不按楼层号顺序的广义楼层组装方式,这种组装方式适用于错层多塔大底盘结构建模。

选择"生成与基础相连的墙柱支座信息",程序会自动生成与基础相连楼层的支座信息并将其传递给基础程序,以便进行基础设计。如果结构支座情况十分复杂,可以通过"支座"子菜单下的"布置"和"删除"命令修改支座。通常楼层组装时均应选择此项。

4. 动态模型

为了对组装好的整楼模型进行轴测观察分析,单击"动态模型"按钮,弹出"动态组装方案"对话框,

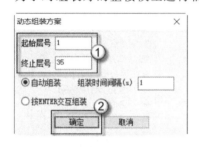

图 2.2.29 "动态组装方案"对话框

如图 2.2.29 所示。输入起始层号和终止层号,单击"确定"按钮,屏幕上就会显示对应层数的模型。或者使用默认值,单击"确定"按钮,屏幕上会显示整楼模型。

显示模型时,可长按鼠标中间的滚轮,同时,长按"Shift"或者"Ctrl"键,调整三维视图的透视角度,如图 2.2.30 所示。

说明:

(1) 为了保证首层竖向杆件计算长度正确,该层层高通常从基础顶面算起。

(2) 结构标准层的组装顺序没有要求。

(3) 结构标准层仅要求平面布置相同,不要求层高相同。

(4) 在已组装好的自然层中间插入新楼层,各楼层已布置的荷载不会错乱。

(5) 屋顶楼梯间、电梯间、水箱等通常应参与建模和组装。

(6) 采用 SATWE 等软件进行有限元整体分析时,地下室应与上部结构共同建模和组装。

5. 拼装

"工程拼装"命令用于将其他工程模型拼装到当前工程中,形成一个完整的工程模型,达到提高工效的目的。

"单层拼装"命令用于调入其他工程或本工程的任意一个标准层,将其全部或部分拼装到当前标准层上。

全楼建模完成后,单击标题栏中的"前处理及计算"菜单,弹出如图 2.2.31 所示对话框,若勾选"自动进行 SATWE 生成数据+全部计算",则将对模型进行一系列的数据验算。计算完毕,单击"保存"按钮,退出即可。

若不勾选"自动进行 SATWE 生成数据+全部计算",单点"保存"按钮,则弹出如图 2.2.32 所示对话框,对话框中各参数意义如下。

◇ 生成梁托柱、墙托柱的节点

如模型有梁托柱、墙托柱或斜梁与下层梁相交等情况,可

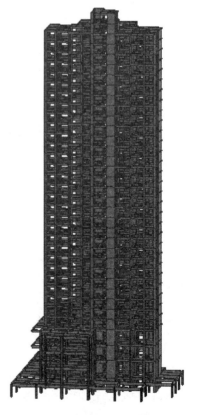

图 2.2.30 全楼模型透视图

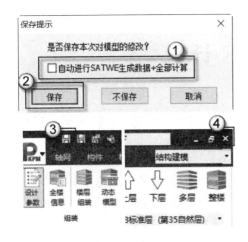

图 2.2.31　计算完成后保存退出操作步骤

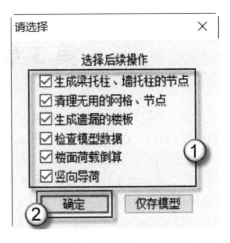

图 2.2.32　不计算直接保存退出操作步骤

选择该选项。程序自动在托梁、托墙和斜梁的相应位置上增设节点,以保证后续结构计算正确进行。上述操作也可以单击"节点下传"命令完成。

　　◇ 清理无用的网格、节点

　　模型平面图上的有些网格没有布置构件,有些节点是由辅助线生成或由其他层复制而来的,这些无用的网格和节点会把整根梁或墙打断成几截,不利于后续计算和施工图绘制,有时还会造成设计误差,因此应选择此项把它们自动清理掉。

　　◇ 生成遗漏的楼板

　　选择此选项,程序自动检查各楼层及各房间,将遗漏的楼板自动生成,楼板的厚度取各层信息对话框中定义的楼板厚度。

　　◇ 检查模型数据

　　选择此项,程序自动对整楼模型可能存在的不合理之处进行数据检查和提示,由用户选择是返回建模环境进行修改操作,还是直接退出程序。

　　◇ 楼面荷载倒算

　　选择此项,程序自动完成楼板自重计算和楼面导荷计算。

　　◇ 竖向导荷

　　选择此选项,程序自动完成从上到下各楼层恒、活荷载的导荷计算,生成作用在基础上的荷载。

　　单击"确定"按钮,程序完成建模数据检查后退出,返回 PKPM 主界面。至此,建模工作全部完成,可以继续进行计算和绘图等后续操作。

第3章　SATWE 计算

在多、高层建筑结构分析中,对剪力墙和楼板的模型化假定是关键,直接决定了多、高层结构分析模型的科学性,同时也决定了软件分析结果的精度和可信度。

目前在工程中应用较多的多、高层结构分析软件主要有三类。

第一类是基于薄壁柱理论的三维杆系结构有限元分析软件,薄壁柱理论的优点是自由度小,使复杂的多、高层结构分析得到了极大的简化。但是,实际工程中的许多剪力墙难以满足薄壁柱理论的基本假定,用薄壁柱单元模拟工程中的剪力墙出入较大,尤其对于越来越复杂的现代多、高层建筑,计算精度难以保证。

第二类是基于薄板理论的结构有限元分析软件,把无洞口或有较小洞口的剪力墙模型化为一个板单元,把有较大洞口的剪力墙模型化为板-梁连接体系。这类软件对剪力墙的模型化不够理想,没有考虑剪力墙的平面外刚度及单元的几何尺寸影响,对于带洞口的剪力墙,其模型化误差较大。

第三类是基于壳元理论的三维组合结构有限元分析软件,由于壳元既具有平面内刚度,又具有平面外刚度,用壳元模拟剪力墙和楼板可以较好地反映其实际受力状态。基于壳元理论的多、高层结构分析模型,理论上比较科学,分析精度高。但美中不足的是现有的基于壳元理论的软件均为通用的有限元分析软件,虽然功能全面,适用领域广,但其前、后处理功能较弱,这在一定程度上限制了这类软件在多、高层结构分析中的应用。

SATWE 为 space analysis of tall-buildings with wall-element 的词头缩写,这是应现代多、高层建筑发展要求,专门为多、高层建筑设计而研制的空间组合结构有限元分析软件。

3.1　结构模型的整体运算

在 PKPM 中,计算功能主要体现在结构模型的整体运算中。这个过程对计算机性能要求比较高,如果是配置比较低的计算机,会出现没有反应、自动退出、黑屏等问题。特别是高层建筑,由于信息量比较大,计算过程很长,对计算机性能的要求也更高。

3.1.1　SATWE 的特点和基本功能

1. SATWE 的特点

(1) 模型化误差小、分析精度高。

对剪力墙和楼板的合理简化及有限元模拟,是多、高层结构分析的关键。SATWE 以壳元理论为基础,构造了一种通用墙元来模拟剪力墙,这种墙元对剪力墙的洞口(仅限于矩形洞)的尺寸和位置无限制,具有较好的适用性。墙元不仅具有平面内刚度,也具有平面外刚度,可以较好地模拟工程中剪力墙的真实受力状态,而且墙元的每个节点都具有六个自由度,可以方便地与任意空间梁、柱单元连接,不需要任何附加约束。对于楼板,SATWE 给出了四种简化假定,即假定楼板整体平面内无限刚、分块无限刚、分块无限刚带弹性连接板带和弹性楼板。上述假定灵活、实用,可根据工程的实际情况采用其中的一种或几种假定。

（2）计算速度快、解题能力强。

SATWE 具有自动搜索微机内存功能，可把微机的内存资源充分利用起来，最大限度地发挥微机硬件资源的作用，在一定程度上解决了在微机上运行的结构有限元分析软件的计算速度和解题能力问题。

（3）前、后处理功能强。

SATWE 前接 PMCAD 程序，完成建筑物建模。SATWE 前处理模块读取 PMCAD 生成的建筑物的几何及荷载数据，补充输入 SATWE 的特有信息，诸如特殊构件（弹性楼板、转换梁、框支柱等）、温度荷载、吊车荷载、支座位移、特殊风荷载、多塔，以及局部修改原有材料强度、抗震等级及其他相关参数，完成墙元和弹性楼板单元自动划分等。

2. SATWE 的基本功能

SATWE 的基本功能如下。

（1）可自动读取 PMCAD 的建模数据、荷载数据，并自动转换成 SATWE 所需的几何数据和荷载数据格式。

（2）程序中的空间杆单元除了可以模拟常规的柱、梁，通过特殊构件定义，还可有效地模拟铰接梁、支撑等。特殊构件记录在 PMCAD 建立的模型中，这样可以随着 PMCAD 建模变化而变化，实现 SATWE 与 PMCAD 的互动。

（3）随着工程应用的不断拓展，对于自定义任意多边形异型截面和自定义任意多边形、钢结构、型钢的组合截面，需要用户用人机交互的操作方式定义，其他类型的定义都是用参数输入，程序提供针对不同类型截面的参数输入对话框，输入非常简便。

（4）剪力墙的洞口仅考虑矩形洞，无须为结构模型简化而添加计算洞；墙的材料可以是混凝土、砌体或轻骨料混凝土。

（5）考虑了多塔、错层、转换层及楼板局部开大洞口等结构的特点，可以高效、准确地分析这些特殊结构。

（6）SATWE 也适用于分析多层结构、工业厂房以及体育馆等各种复杂结构，并实现了在三维结构分析中活载不利的情况下的布置功能、底框结构计算和吊车荷载计算。

（7）自动考虑了梁和柱的偏心、刚域影响。

（8）具有剪力墙墙元和弹性楼板单元自动划分功能。

（9）具有较完善的数据检查和图形检查功能及较强的容错能力。

（10）具有模拟施工加载过程的功能，并可以考虑梁上活载不利布置的情况。

（11）可任意指定水平力作用方向，程序自动按转角进行坐标变换及风荷载计算，还可根据用户需要进行特殊风荷载计算。

（12）在单向地震力作用时，可考虑偶然偏心的影响；可进行双向水平地震作用下的扭转地震作用效应计算；可计算多方向输入的地震作用效应；可按振型分解反应谱方法计算竖向地震作用；对于复杂体型的高层结构，可采用振型分解反应谱法进行耦联抗震分析和动力弹性里程分析。

（13）对于高层结构，程序可以考虑 $P\text{-}\Delta$ 效应。

（14）对于底层框架抗震墙结构，可接力 QITI 整体模型计算，做底层框架部分的空间分析和配筋设计；对于配筋砌体结构和复杂砌体结构，可进行空间有限元分析和抗震验算。

（15）可进行吊车荷载的空间分析和配筋设计。

（16）可考虑上部结构与地下室的联合工作，上部结构与地下室可同时进行分析与设计。

（17）具有地下室人防设计功能，在进行上部结构分析与设计的同时即可完成地下室人防设计。

（18）SATWE 计算完成以后，可接力施工图设计软件，绘制梁、柱、剪力墙施工图；接力钢结构设计软件 STS，绘制钢结构施工图。

（19）可为 PKPM 系列基础设计软件（如 JCCAD、BOX）提供底层柱、墙内力作为其组合设计荷载的依据，从而使各类基础设计中数据准备的工作大大简化。

3.1.2 SATWE 的程序管理及数据文件管理

PKPM 程序安装完成后，在 Windows 桌面上会出现一个 PKPM 程序的标识符，双击该标识符，即可启动 PKPM 主菜单。Windows 版 SATWE 软件的运行是通过 PKPM 主菜单控制的，如图 3.1.1 所示。

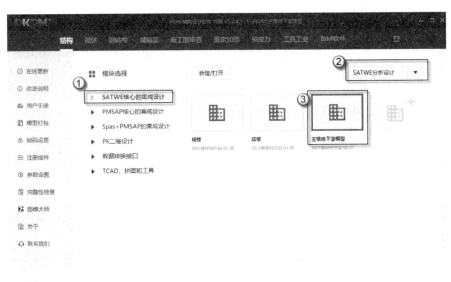

图 3.1.1　PKPM 主菜单

1. SATWE 的程序管理

Windows 版 SATWE 软件的程序文件名及其主要功能如表 3.1.1 所示。

表 3.1.1　Windows 版 SATWE 软件的程序文件名及其主要功能

程序文件名	主 要 功 能
Winsat-p. EXE	接 PM 生成 SATWE 数据
Winsat-a. EXE	结构整体分析和构件内力计算
Winsat-d. EXE	分析结果图形和文本显示
Winsat-f. EXE	构件配筋与截面验算
SWDB. DAT	地震波数据文件
ZHQ_PJ. EXE	剪力墙组合配筋
MWall. EXE	剪力墙组合配筋

2. SATWE 的数据文件管理

SATWE 软件要求不同的工程在不同的子目录内进行结构分析与设计，以避免数据文件冲突。

SATWE 的数据文件可分为以下几类。

（1）工程原始数据文件（工程名.＊和＊.PM）。

工程原始数据文件指 PMCAD 主菜单 1 生成的数据文件，若工程数据文件名为 AAA，则工程原始数据文件包括 AAA.＊和＊.PM。

（2）SATWE 补充输入数据文件（SAT_＊.PM）。

因为在 PMCAD 中未考虑高层结构的有关特殊信息，所以在 SATWE 的前处理中要补充输入这些信息，包括有关参数的取值、特殊构件的定义和多塔信息等，这些信息都记录在 PM 中，可以跟随模型改动，最大限度地保留已定义的部分，大大减少了重复定义的工作量。

（3）计算过程的中间数据文件（＊.MID 和＊.TMP）。

计算过程的中间数据文件以.MID 或.TMP 为后缀，这部分数据对硬盘空间的占用量比较大。为了节省硬盘空间，这类文件在计算结束后将被删掉。

（4）计算结果输出文件。

计算结果输出文件分三类，其后缀分别为.SAT、.OUT 和.T。其中以.OUT 为后缀输出的都是文本格式文件，以.T 为后缀输出的都是图形文件。

3.1.3　SATWE 前处理的主要功能

本书中使用的 PKPM 结构设计软件为 10 版 V5.2.4.3，该版本的主菜单如图 3.1.1 所示。建模完成后，仍然选择"SATWE 核心的集成设计"，在右上角下拉菜单中，选择"SATWE 分析设计"，再双击需要进行前处理的模型工作目录。

由于该版本的集成度较高，前期建模界面及后期的数据检验功能都能在菜单上体现，SATWE 的"前处理及计算"菜单也体现在其中，如图 3.1.2 所示。

图 3.1.2　"前处理及计算"菜单

"前处理及计算"菜单的主要功能是在生成的模型数据基础上，补充结构分析所需的部分参数，并对一些特殊结构（如多塔等）、特殊构件（如弹性板等）、特殊荷载（如温度荷载等）进行补充定义，最后综合上述所有信息，自动转换成结构有限元分析及设计所需的数据格式，供后期调用。

1. 参数定义

"参数定义"中的参数信息是 SATWE 计算分析所必需的信息，新建工程必须执行此菜单，确认参数正确后方可进行下一步的操作，此后如果参数不再改动，则可略过此项菜单。

对于一个新建工程，在 PMCAD 模型中已经包含了部分参数，这些参数可以为 PKPM 系列的多个软件模块所共用，但对于结构分析而言并不完备。

在单击"参数定义"按钮后，弹出"分析和设计参数补充定义"对话框，其中包括总信息、多模型及包络、风荷载信息、地震信息、活荷载信息、二阶效应、调整信息、设计信息、材料信息、荷载组合、地下室信息、性能设计、高级参数和云计算等页面。各参数设置不一，但必须紧扣规范。此处用到的规范及规程主要有三种：《建筑结构荷载规范》（GB 50009—2012）、《抗规》、《高规》。

在第一次启动"前处理及计算"菜单时，程序会自动为所有参数赋予基本初始值，并在退出菜单时自动保存用户修改的内容。

对于 PMCAD 和 SATWE 共有的参数,程序是自动关联的,修改任一处,则另一处同时更改。

下面对这些参数进行详细的说明。

(1) 总信息。

单击图 3.1.2 中的"参数定义"按钮,即可弹出"分析和设计参数补充定义"对话框,再单击"总信息"按钮,切换至"总信息"页,如图 3.1.3 所示。"总信息"页包含结构分析所必需的基本的参数,此处结合实例介绍主要的参数设置,未提及的以默认为主。

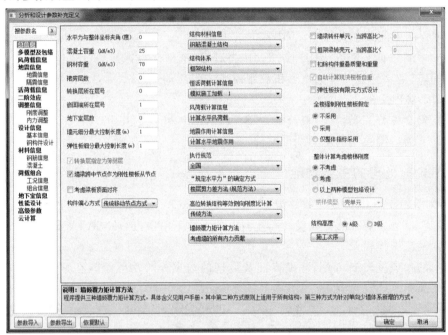

图 3.1.3 "总信息"页

①水平力与整体坐标夹角。

此参数单位为度。程序缺省为 0 度。

此参数会同时影响风荷载和地震作用的方向,修改此参数地震作用和风荷载的方向将同时改变,建议在仅要求改变风荷载作用方向时才采用该参数。如果不改变风荷载方向,只要求考虑其他角度的地震作用,则无须改变水平力与整体坐标夹角,只增加附加地震作用方向即可。本书所采用的实例无须改变此参数。

②混凝土容重、钢材容重。

混凝土容重和钢材容重用于求梁、柱、墙自重,一般情况下混凝土容重为 25 kN/m³,钢材容重为 78.0 kN/m³,即程序的缺省值。如果要考虑梁、柱、墙上的抹灰、装修层等荷载,则可以采用加大容重的方法近似考虑,以避免烦琐的荷载计算。若采用轻质混凝土等,也可在此修改容重值。

一般情况下,对于混凝土容重,结构为框架结构时取 25.5~26 kN/m³,为框架-剪力墙结构时取 26~26.5 kN/m³,为剪力墙结构时取 27~28 kN/m³。

本书所采用的实例修改了该参数的缺省值,将混凝土容重改为 27 kN/m³,钢材容重不变。

③裙房层数。

《抗规》第 6.1.10 条说明指出:有裙房时,加强部位的高度也可以延伸至裙房以上一层。

SATWE 在确定剪力墙底部加强部位高度时,总是将裙房以上一层作为加强区高度判定的一个条件,如果不需要,直接将层数填为 0 即可。

程序不能自动识别裙房层数,需由人工指定。裙房层数应从结构最底层起算(包括地下室)。例如:地下部分 3 层、地上部分 4 层时,裙房层数应填入 7。

本书所采用的实例中地下部分 1 层,地上部分 3 层,裙房层数应为 4 层。

裙房层数仅用作 SATWE 中底部加强区高度的判断,规范针对裙房的其他相关规定,程序并未考虑。实际操作中,高层建筑底部加强区高度的选取参照《高规》中第 7.1.4 条的规定。

④转换层所在层号。

《高规》中第 10.2 节明确规定了两种带转换层结构:底部带托墙转换层的剪力墙结构(即部分框支剪力墙结构),以及底部带托柱转换层的筒体结构。这两种转换层结构的设计有相同之处,也有各自的特殊性。

为适应不同类型转换层结构的设计需要,程序在"结构体系"项新增了"部分框支剪力墙结构",通过"转换层所在层号"和"结构体系"两项参数来区分不同类型的带转换层结构。

填写了"转换层所在层号",程序即可判断该结构为带转换层结构,自动执行《高规》第 10.2 节针对两种结构的通用设计规定。

程序不能自动识别转换层,需由人工指定。"转换层所在层号"应按楼层组装中的自然层号填写。例如:地下部分有 3 层、转换层位于地上 4 层时,转换层所在层号应填 7。

本书主楼实例中并未设置转换层,则此参数填程序的缺省值"0"。

⑤嵌固端所在层号。

《抗规》第 6.1.3-3 条规定了地下室作为上部结构嵌固部位时应满足的要求;第 6.1.10 条规定了剪力墙底部加强部位的确定与嵌固端有关;第 6.1.14 条提出了地下室顶板作为上部结构的嵌固部位时的相关计算要求。《高规》第 3.5.2-2 条规定了结构底部嵌固层的刚度比不宜小于 1.5。

针对以上条文,2010 版 SATWE 新增了"嵌固端所在层号"这项重要参数。

判断嵌固端位置应由使用者自行完成,程序主要实现如下功能:

其一,确定剪力墙底部加强部位时,将起算层号取为"嵌固端所在'层号-1'",即默认加强部位延伸到嵌固端下一层,比《抗规》的要求保守一些。

其二,针对《抗规》第 6.1.14 条和《高规》第 12.2.1 条,自动将嵌固端下一层的柱纵向钢筋相对上层对应位置的柱纵向钢筋增大 10%,梁端弯矩设计值放大 1.3 倍。

其三,按《高规》3.5.2-2 条规定,当嵌固层为模型底层时,刚度比限值取 1.5。

其四,涉及"底层"的内力调整等,由程序针对嵌固层进行调整。

⑥地下室层数。

地下室层数指与上部结构同时进行内力分析的地下部分的层数。地下室层数影响风荷载和地震作用计算、内力调整、底部加强区判断等众多内容,是一项重要参数。

⑦墙元细分最大控制长度、弹性板细分最大控制长度。

该参数是墙元细分时需要重视的参数,剪力墙尺寸较大,作墙元细分形成一系列小壳元时,要确保分板精度,必须使小壳元的边长不大于给定限值 D_{max}。

为保证网格划分质量,细分尺寸一般要求控制在 1 m 以内,因此程序隐含值为 $D_{max}=1.0$。而早期版本 SATWE 中的默认值为 2 m,绝大部分工程取值也为 2 m。因此,如果用新版本读入旧版本数据,应注意将该尺寸修改为 1 m 或更小,否则会影响计算结果的准确性。

⑧转换层指定为薄弱层。

这个参数默认置灰,需要人工修改转换层号。

⑨墙梁跨中节点作为刚性楼板从节点。

勾选此项时,剪力墙洞口上方墙梁的上部跨中节点将作为刚性楼板的从节点,与旧版程序处理方式相同;不勾选此项时,这部分节点将作为弹性节点参与计算。

⑩考虑梁板顶面对齐。

在 PMCAD 中建立的模型,梁和板的顶面与层顶对齐,这与真实的结构一致。计算时 SATWE V3.1 之前的版本会强制将梁和板上移,使梁的形心线、板的中面位于层顶,这与实际情况有些出入。

SATWE V3.1 版本增加了"考虑梁板顶面对齐"的勾选项,考虑梁板顶面对齐时,程序将梁、弹性膜、弹性板沿法向向下偏移,使其顶面置于原来的位置。有限元计算时用刚域变换的方式处理偏移。当勾选"考虑梁板顶面对齐",同时将梁的刚度放大系数设置为 1.0 时,理论上此时的模型最为准确合理。

采用这种方式时应注意定义全楼弹性板,且楼板应采用有限元整体结果进行配筋设计,但目前 SATWE 尚未提供楼板的设计功能,因此用户在使用该选项时应慎重。

⑪构件偏心方式。

使用 PMCAD 建模,常常使构件实际位置与节点的位置不一致,即构件偏心。在 SATWE V3.1 之前的版本中,如果模型中的墙存在偏心,则程序会将节点移动到墙的实际位置来消除偏心,即墙总是与节点贴合在一起,而其他构件的位置可以与节点不一致,它们通过刚域变换的方式进行连接。

SATWE V3.1 版本增加了"刚域变换方式"考虑墙偏心,即将所有节点的位置保持不动,通过刚域变换的方式考虑墙与节点位置的不一致。

⑫结构材料信息。

程序提供了"钢筋混凝土结构""钢与砼混合结构""钢结构""砌体结构"4 个选项。

⑬结构体系。

程序提供了 25 个选项:框架结构、框剪结构、框筒结构、筒中筒结构、剪力墙结构、板柱剪力墙结构、异型柱框架结构、异型柱框剪结构、配筋砌块砌体结构、砌体结构、底框结构、部分框支剪力墙结构、单层钢结构厂房、多层钢结构厂房、钢框架结构、巨型框架-核心筒(仅限广东地区)、装配整体式框架结构、装配整体式剪力墙结构、装配整体式部分框支剪力墙结构、装配整体式预制框架-现浇剪力墙结构、钢框架-支撑结构、钢框架-延性墙板结构、装配整体式多层剪力墙结构、装配整体式预制框架-现浇核心筒结构和全框支剪力墙结构。

结构体系的选择影响到众多规范条文的执行。

⑭恒活荷载计算信息。

恒活荷载计算信息属于竖向荷载计算控制参数,有以下 6 个选项:不计算恒活荷载、一次性加载、模拟施工加载 1、模拟施工加载 2、模拟施工加载 3 和构件级施工次序。

⑮风荷载计算信息。

SATWE 提供以下两类风荷载。

一类是根据《建筑结构荷载规范》(GB 50009—2012)中的风荷载公式(8.1.1-1)在生成数据时自动计算的水平风荷载,作用在整体坐标系的 X 和 Y 向,习惯称之为"水平风荷载"。

另一类是在"前处理及计算"→"荷载补充"→"特殊荷载"→"特殊风"菜单中自定义的特殊风荷载。

特殊风荷载又可分为两类:通过单击"自动生成"菜单自动生成的特殊风荷载和用户自定义的特殊风荷载,习惯统称为"特殊风荷载"。自动生成特殊风荷载的原理与水平风荷载类似,但更为精细。

大部分工程采用缺省的"水平风荷载"即可。

SATWE 通过风荷载计算信息参数判断参与内力组合和配筋时的风荷载种类。

不计算风荷载:任何风荷载均不计算。

计算水平风荷载:无论是否存在特殊风荷载数据,仅水平风荷载参与内力分析和组合。

计算特殊风荷载:仅特殊风荷载参与内力计算和组合。

计算水平和特殊风荷载:水平风荷载和特殊风荷载同时参与内力分析和组合。这个选项只用于极特殊的情况,一般工程不建议采用。

特殊风组数等于 4 时:每一组特殊风均按照水平风荷载的方式进行组合;如果同时选择了计算水平和特殊风荷载,则水平风和特殊风将分别与恒荷载、活荷载、地震作用组合,水平风荷载和特殊风荷载不同时组合。

特殊风组数不等于 4 时:每组特殊风荷载仅与恒荷载、活荷载进行组合,采用风荷载的分项系数。

⑯地震作用计算信息。

不计算地震作用:无须进行抗震设防的地区或者抗震设防烈度为 6 度时的部分结构,依据《抗规》第 3.1.2 条规定可以不进行地震作用计算,此时可选择"不计算地震作用"。此参数基本不用。

计算水平地震作用:用于抗震设防烈度为 6~8 度的地区。

计算水平和竖向地震作用:用于抗震设防烈度为 9 度的地区。

⑰执行规范。

规范可根据工程实际分别采用中国国家规范、上海地区规程和广东地区规程。

(2) 多模型及包络。

"多模型及包络"页如图 3.1.4 所示。

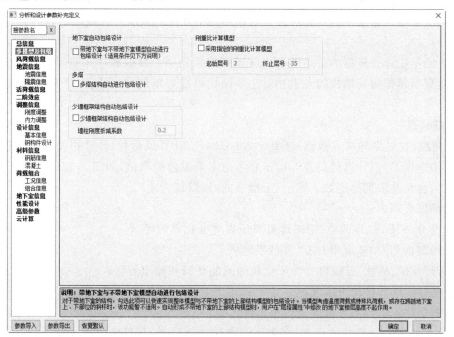

图 3.1.4 "多模型及包络"页

①地下室自动包络设计。

对于带地下室的模型,勾选"带地下室与不带地下室模型自动进行包络设计(适用条件见下方说明)"可以快速实现整体模型与不带地下室的上部结构的包络设计。当模型考虑温度荷载或特殊风荷载,或存在跨越地下室上、下部分的斜杆时,该功能暂不适用。自动形成不带地下室的上部结构模型时,在"层塔属性"中修改的地下室楼层高度不起作用。

②多塔。

"多塔结构自动进行包络设计"参数主要用来控制多塔结构是否自动进行包络设计。勾选了该参数,程序允许进行多塔包络设计,不勾选该参数,即使定义了多塔子模型,程序仍然不会进行多塔包络设计。关于包络设计的更多细节请参考第 5 章。

③少墙框架结构自动包络设计。

针对少墙框架结构,程序增加了少墙框架结构自动包络设计功能。勾选该项,程序自动完成原始模型与框架结构模型的包络设计。

"墙柱刚度折减系数"参数仅对少墙框架结构包络设计有效。框架结构子模型通过该参数对墙柱的刚度进行折减得到。另外,可在"设计属性补充"项对墙柱的刚度折减系数进行单构件修改。

④刚重比计算模型。

基于地震作用和风荷载的刚重比计算方法仅适用于悬臂柱型结构,因此应在上部单塔结构模型上进行(即去掉地下室),且去掉大底盘和顶部附属结构(只保留附属结构的自重作为荷载附加到主体结构最顶层楼面位置),仅保留中间较为均匀的结构段进行计算,即所谓的掐头去尾。

程序将在全楼模型的基础上,增加计算一个子模型,可指定该子模型的起始层号和终止层号,即从全楼模型中剥离出一个刚重比计算模型。该功能适用于结构存在地下室、大底盘,顶部附属结构重量可忽略的刚重比指标计算,且仅适用于弯曲型和弯剪型的单塔结构。在"结果"菜单,利用"新版文本查看"命令可直接查看该模型的刚重比结果。

起始层号:刚重比计算模型的最底层是当前模型的第几层。该层号从楼层组装的最底层起算(包括地下室)。

终止层号:刚重比计算模型的最高层是当前模型的第几层。目前程序未自动附加被去掉的顶部结构的自重,因此仅当顶部附属结构的自重相对主体结构可以忽略时才可采用,否则应手工建立模型,进行单独计算。

(3)风荷载信息。

SATWE 依据《建筑结构荷载规范》(GB 50009—2012)计算风荷载,计算相关的参数在此页填写,若在"总信息"页中选择了"不计算风荷载",可不必考虑本页参数的取值,如图 3.1.5 所示。

主要参数的含义及取值原则如下所示(未提及的,以默认为主)。

①地面粗糙度类别。

地面粗糙度分 A、B、C、D 四类,用于计算风压高度变化系数等。

A 类指近海海面和海岛、海岸、湖岸及沙漠地区。

B 类指田野、乡村、丛林、丘陵以及房屋比较稀疏的乡镇和城市郊区。

C 类指有密集建筑群的城市市区。

D 类指有密集建筑群且房屋较高的城市市区。

此处参数:在城市中一般选择 C 类,在郊区或农村选择 B 类,另外两类很少用到。

②修正后的基本风压。

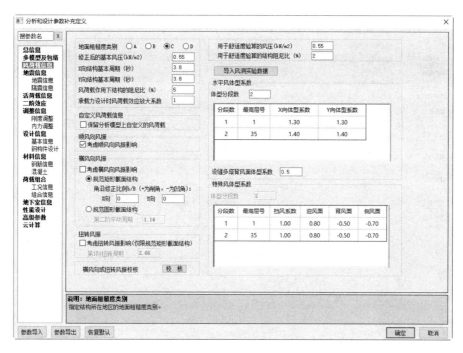

图 3.1.5 "风荷载信息"页

查《建筑结构荷载规范》(GB 50009—2012)附录 E 中的表,根据建筑物所在地区选择相应的风压参数。注意表中有 $R=10$,$R=50$,$R=100$ 三个选项,即常用的 10 年一遇、50 年一遇与 100 年一遇的风压。

建筑物高度大于 60 m,采用 100 年一遇的风压;小于 60 m,采用 50 年一遇的风压。

③X、Y 向结构基本周期。

新版 SATWE 可以分别指定 X 向和 Y 向的基本周期,用于 X 向和 Y 向风荷载的计算。对于比较规则的结构,可以采用近似方法计算基本周期:框架结构 $T=(0.08\sim0.10)N$;框-剪结构、框-筒结构 $T=(0.06\sim0.08)N$;剪力墙结构、筒中筒结构 $T=(0.05\sim0.06)N$,其中 N 为结构层数。

④风荷载作用下结构的阻尼比。

SATWE 程序默认值:混凝土结构及砌体结构 0.05,有填充墙钢结构 0.02,无填充墙钢结构 0.01。

(4) 地震信息。

"地震信息"页如图 3.1.6 所示,此处介绍了主要的参数设置,未提及的参数以默认为主。

①设防地震分组、设防烈度。

"设防地震分组"与"设防烈度"这两个参数的详细设置都需要查《抗规》的附录 A"我国主要城镇抗震设防烈度、设计基本地震加速度和设计地震分组"。

②场地类别。

《抗规》将场地划分为 I_0、I_1、Ⅱ、Ⅲ、Ⅳ五类。其中 I_0 类为 10 版新增的类别。场地类别的填写,由当地勘测院出具的项目地质勘测报告决定。

③特征周期、水平地震影响系数最大值、12 层以下规则砼框架结构薄弱层验算地震影响系数最大值。

"特征周期"的缺省值由"总信息"页的"执行规范"、"地震信息"页的"场地类别"和"设防地震分组"

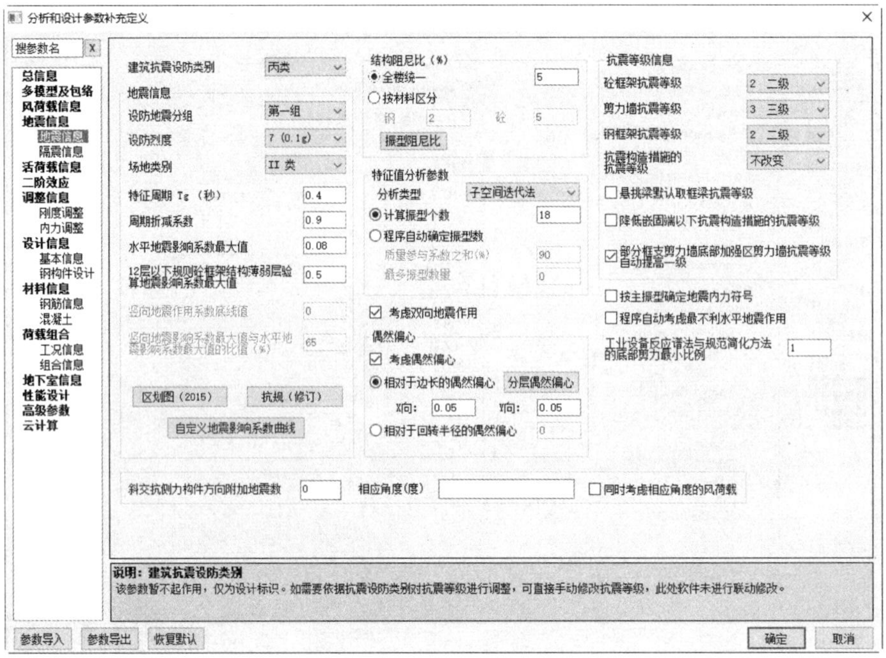

图 3.1.6　"地震信息"页

三个参数确定;"水平地震影响系数最大值"和"12 层以下规则砼框架结构薄弱层验算地震影响系数最大值"则由"总信息"页的"执行规范"和"地震信息"页的"设防烈度"两个参数共同控制。当改变上述相关参数时,程序将自动按《抗规》重新判断特征周期或水平地震影响系数最大值。当采用地震动区划图确定 T_g 和 α_{max} 时,可直接在此处填写。

要注意,当上述几项相关参数如"场地类别""设防烈度"等改变时,修改过的特征周期或水平地震影响系数最大值将不保留,自动恢复为《抗规》缺省值,因此应在计算前确认此处参数的正确性。"水平地震影响系数最大值"用于地震作用的计算,多遇地震及中、大震弹性或不屈服计算均应在此处填写"水平地震影响系数最大值"。"12 层以下规则砼框架结构薄弱层验算地震影响系数最大值"仅用于 12 层以下规则混凝土框架结构的薄弱层验算。

④周期折减系数。

设置周期折减系数是为了充分考虑框架结构和框架-剪力墙结构的填充墙刚度对计算周期的影响。对于框架结构,若填充墙较多,周期折减系数可取 0.6~0.7,填充墙较少则可取 0.7~0.8;对于框架-剪力墙结构,周期折减系数可取 0.8~0.9;纯剪力墙结构的周期可不折减。

⑤结构阻尼比(%)。

这是用于地震作用计算的阻尼比。

一般混凝土结构取 0.05,钢结构取 0.02,混合结构在二者之间取值。可参考规范或根据工程实际情况取值。

⑥计算振型个数。

在计算地震作用时,振型个数的选取应遵循《抗规》第 5.2.2 条规定,"振型个数一般可以取振型参与质量达到总质量的 90% 所需的振型数"。

一般取值为:$3 \leqslant$ 计算振型个数 $\leqslant 3N$(N 为本建筑的层数)(计算振型个数必须是"3"的整数倍)。高层建筑的取值最小是 9,这个数值越大,计算得越精细,但是运算时间会越长。

振型个数与结构层数及结构形式有关,当结构层数较多或结构层刚度突变较大时,振型个数也应相应增加。如顶部有小塔楼、转换层等结构形式,选择振型分解反应谱法计算竖向地震作用时,为了满足竖向振动的有效质量系数,一般应适当增加振型个数。

⑦考虑双向地震作用。

参考《抗规》第 5.1.1 条,一般情况下,应至少在建筑结构的两个主轴方向分别计算水平地震作用,各方向的水平地震作用应由该方向抗侧力构件承担。有斜交抗侧力构件的结构,当相交角度大于 15°时,应分别计算各抗侧力构件方向的水平地震作用。质量和刚度分布明显不对称的结构,应计入双向水平地震作用下的扭转影响;其他情况,应允许采用调整地震作用效应的方法计入扭转影响。

一般情况下应勾选此选项。

⑧考虑偶然偏心。

若勾选了"考虑偶然偏心",则允许使用者修改 X 和 Y 向的相对偶然偏心值,默认值为 0.05。也可单击"分层偶然偏心"按钮,分层分塔填写相对于边长的偶然偏心值。

⑨抗震等级信息。

抗震等级可根据表 3.1.2(出自《抗规》表 6.1.2)选取。

表 3.1.2　现浇钢筋混凝土房屋的抗震等级

结构类型			设　防　烈　度							
			6		7		8		9	
框架结构	高度/m		≤24	>24	≤24	>24	≤24	>24	≤24	
	框架		四	三	三	二	二	一	一	
	大跨度框架		三		二		一			
框架-抗震墙结构	高度/m		≤60	>60	≤24	25～60	>60	≤24	25～60	>60	≤24	25～50
	框架		四	三	四	三	二	三	二	一	二	一
	抗震墙		三		三	二		二	一		一	
抗震墙结构	高度/m		≤80	>80	≤24	25～80	>80	≤24	25～80	>80	≤24	25～60
	剪力墙		四	三	四	三	二	三	二	一	二	一
部分框支抗震墙结构	抗震墙	高度/m	≤80	>80	≤24	25～80	>80	≤24	25～80		
		一般部位	四	三	四	三	二	三	二		
		加强部位	三	二	三	二	一	二	一		
	框支层框架		二		二		一			
框架-核心筒结构	框架		三		二		一		一	
	核心筒		二		二		一		一	
筒中筒结构	外筒		三		二		一		一	
	内筒		三		二		一		一	

结构类型		设 防 烈 度						
		6		7		8		9
板柱-抗震墙结构	高度/m	≤35	>35	≤35	>35	≤35	>35	
	框架、板柱的柱	三	二	二	二	一		
	抗震墙	二	二	二	一	二	一	

此处指定的抗震等级是全楼适用的,指定后,SATWE 自动对全楼所有构件的抗震等级赋予初值,并依据《抗规》《高规》等相关条文,自动对这部分构件的抗震等级进行调整。其中,钢框架的抗震等级是 10 版新增的选项,可依据《抗规》的规定来确定。

⑩抗震构造措施的抗震等级。

在某些情况下,抗震构造措施的抗震等级可能与抗震措施的抗震等级不同,可能提高或降低,因此程序提供了这个选项。

⑪斜交抗侧力构件方向附加地震数、相应角度。

《抗规》第 5.1.1 条规定:有斜交抗侧力构件的结构,当相交角度大于 15°时,应分别计算各抗侧力构件方向的水平地震作用。

使用者可以在此处指定附加地震方向。附加地震数可在 0~5 之间取值,在"相应角度"输入框填入各角度值。该角度是与整体坐标系 X 轴正方向的夹角,逆时针方向为正,各角度之间以逗号或空格隔开。

(5)隔震信息。

"隔震信息"页如图 3.1.7 所示。

①指定的隔震层个数、隔震层层号。

对于隔震结构,如不指定隔震层号,"特殊柱"菜单中定义的隔震支座仍然参与计算,并不影响隔震计算结果,因此该参数主要起到标识作用。指定隔震层数后,右侧菜单可选择同时参与计算的模型信息,程序可一次实现多模型的计算。

②阻尼比确定方法。

当采用反应谱法时,程序提供了两种方法确定阻尼比,即强制解耦法和应变能加权平均法。采用强制解耦法时,高阶振型的阻尼比可能偏大,因此程序提供了"最大附加阻尼比"参数,使用户可以控制附加的最大阻尼比。

③迭代确定等效刚度和等效阻尼比。

勾选此项,程序自动通过迭代计算确定每个隔震支座的等效刚度和等效阻尼比。需要定义每个隔震支座的水平初始刚度、屈服力和屈服后刚度。

④隔震结构的多模型计算。

按照隔震结构设计相关规范规程的规定,隔震结构的不同部位,在设计中往往需要取用不同的地震作用水准进行设计、验算。程序提供"多模型"计算模式,增加了隔震结构的多模型计算功能。

(6)活荷载信息。

"活荷载信息"页如图 3.1.8 所示,此处介绍了主要的参数设置,未提及的以默认为主。

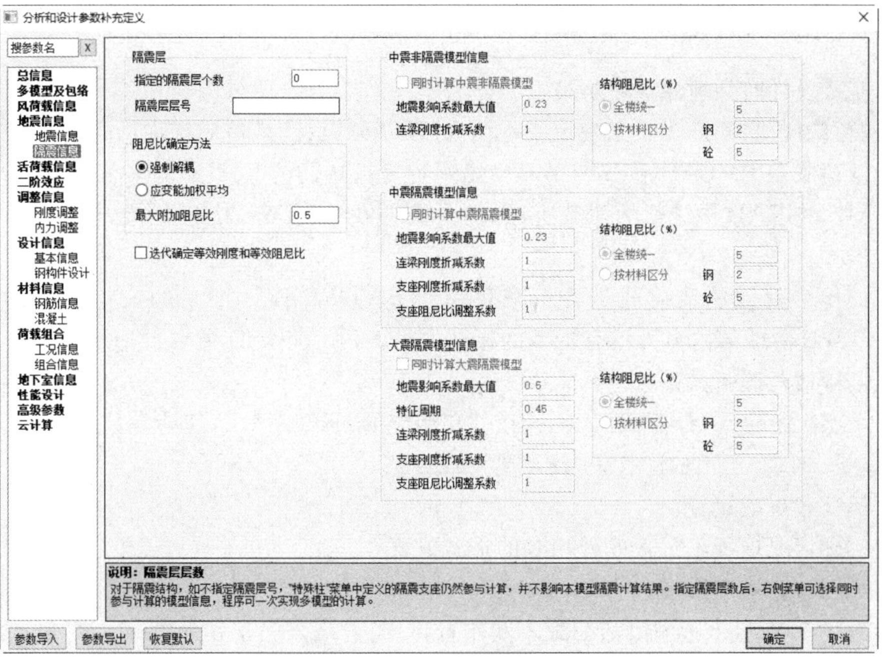

图 3.1.7 "隔震信息"页

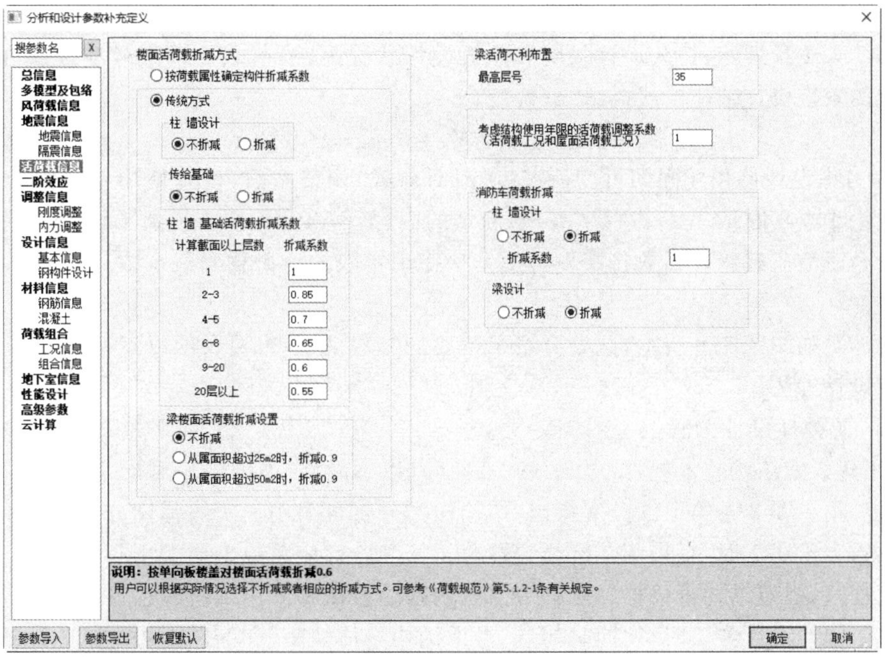

图 3.1.8 "活荷载信息"页

①楼面活荷载折减方式。

楼面活荷载折减方式除了原有方式(对应"传统方式"选项),还增加了"按荷载属性确定构件折减系数"的选项(具体规定参见《建筑结构荷载规范》第 5.1.2 条)。使用该方式时,需根据实际情况,在结构建模时,在"荷载"→"活载"→"楼板活荷类型"中定义房间属性,对于未定义属性的房间,程序默认按住宅处理。

②柱、墙、基础设计时活荷载是否折减。

《建筑结构荷载规范》第 5.1.2 条规定:梁、墙、柱及基础设计时,可对楼面活荷载进行折减。

为了避免活荷载在 PMCAD 和 SATWE 中出现重复折减的情况,建议用户在使用 SATWE 进行结构计算时,不要在 PMCAD 中进行活荷载折减,而是统一在 SATWE 中进行梁、柱、墙和基础设计时进行活荷载折减。

此处指定的传给基础的活荷载是否折减仅用于 SATWE 设计结果的文本及图形输出,在接力 JCCAD 时,SATWE 传递的内力为没有折减的标准内力,可在 JCCAD 中另行指定折减信息。

③柱、墙、基础活荷载折减系数。

此处分 6 个层次给出了"计算截面以上层数"和相应的"折减系数",这些参数是根据《建筑结构荷载规范》(GB 50009—2012)给出的隐含值,使用者可以修改。

④梁楼面活荷载折减设置。

可以根据实际情况选择不折减或者相应的折减方式。

⑤梁活荷不利布置最高层号。

若将此参数填 0,表示不考虑梁活荷载不利布置作用;若填入大于零的数 N_L,则表示从 $1 \sim N_L$ 各层考虑梁活荷载的不利布置,而 $N_L + 1$ 层以上则不考虑活荷载不利布置,若 N_L 等于结构的层数 N_{st},则表示对全楼所有层都考虑活荷载的不利布置。

⑥考虑结构使用年限的活荷载调整系数。

《高规》第 5.6.1 条规定:持久设计状况和短暂设计状况下,当荷载与荷载效应按线性关系考虑时,荷载基本组合的效应设计值应按式(3.1.1)确定:

$$S_d = \gamma_G S_{Gk} + \gamma_L \Psi_Q \gamma_Q S_{Qk} + \Psi_w \gamma_w S_{wk} \tag{3.1.1}$$

其中 γ_L 为考虑设计使用年限的可变荷载(楼面活荷载)调整系数,设计使用年限为 50 年时取 1.0,设计使用年限为 100 年时取 1.1。这是《高规》新增的内容,SATWE 相应增加了该系数,缺省值为 1.0。在荷载效应组合时活荷载组合系数将乘上考虑结构使用年限的活荷载调整系数。

(7) 二阶效应。

"二阶效应"页如图 3.1.9 所示,此处介绍了主要的参数设置,未提及的以默认为主。

①钢构件设计方法。

A. 一阶、二阶弹性设计方法。

《高层民用建筑钢结构技术规程》(JGJ 99—2015)(以下简称《高钢规》)对框架柱的稳定计算进行了修改。《高钢规》第 7.3.2 条第 1 款条文指出"结构内力分析可采用一阶线弹性分析或二阶线弹性分析。当二阶效应系数大于 0.1 时,宜采用二阶线弹性分析。二阶效应系数不应大于 0.2"。

针对以上规范,框架结构可根据二阶效应系数判断是否需要采用二阶弹性设计方法。

当采用二阶弹性设计方法时,须同时勾选"考虑结构整体缺陷"和"柱长度系数置 1.0"选项,且二阶效应计算方法应该选择"直接几何刚度法"或"内力放大法"。

B. 弹性直接分析设计方法。

根据《钢结构设计标准》(GB 50017—2017)第 5 章规定,直接分析可以分为考虑材料进入塑性的弹塑性直接分析和不考虑材料进入塑性的弹性直接分析。

弹性直接分析不需要考虑材料非线性的因素,需要考虑几何非线性(P-Δ 效应和 P-δ 效应)、结构整

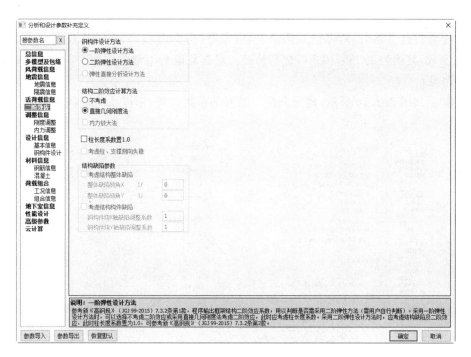

图 3.1.9　"二阶效应"页

体缺陷、构件缺陷(包括残余应力等)。

采用弹性直接分析的结构,不再需要按计算长度法进行构件受压稳定承载力验算。理论上,几何非线性分析需要先对荷载进行组合再进行迭代计算。SATWE 中考虑 P-Δ 效应采用的是无须迭代的直接几何刚度法或内力放大法,这种做法的好处是很容易与结构动力反应分析结合,对一般建筑结构来讲可以不进行迭代计算。

整体缺陷采用《钢结构设计标准》(GB 50017—2017)第 5 章规定的等效假想荷载法。在荷载效应组合后的构件内力上考虑 P-δ 效应和局部缺陷。局部缺陷可采用《钢结构设计标准》(GB 50017—2017)第 5 章规定的最大值。

当选择"弹性直接分析设计方法"选项时,结构二阶效应计算方法可以选择"直接几何刚度法"或"内力放大法",默认选择"直接几何刚度法",默认勾选"柱长度系数置 1.0",默认考虑结构整体缺陷和结构构件缺陷。结构整体缺陷荷载属性为永久荷载,各种组合情况下的分项系数均取 1.0,重力荷载代表值和质量参与系数取 0。

②柱长度系数置 1.0。

采用一阶弹性设计方法时,应考虑柱长度系数,在进行研究或对比时也可勾选此项,将长度系数置为 1.0,但不能随意将此结果作为设计依据。当采用二阶弹性设计方法时,程序强制勾选此项,将柱长度系数置为 1.0,可参考《高钢规》第 7.3.2 条第 2 款。

③考虑柱、支撑侧向失稳。

选择"弹性直接分析设计方法"时,在验算阶段不再进行考虑计算长度系数的柱、支撑的受压稳定承载力验算,但构造要求的验算和控制仍然进行。

如果模型中存在混凝土构件,截面内力不修正,构件设计仍然执行现行规范混凝土构件设计的要求。

④考虑结构缺陷。

采用二阶弹性设计方法时,应考虑结构缺陷,可参考《高钢规》第 7.3.2 条式(7.3.2-2)。程序开放整体缺陷倾角参数,默认为 1/250,用户可进行修改。局部缺陷暂不考虑。

(8) 刚度调整。

"刚度调整"页如图 3.1.10 所示,此处介绍了主要的参数设置,未提及的以默认为主。

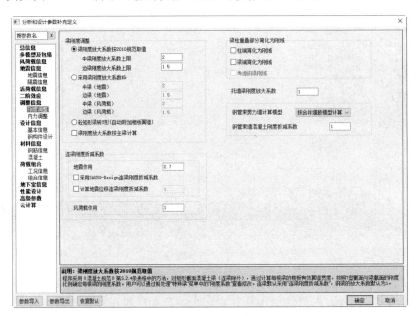

图 3.1.10　"刚度调整"页

①梁刚度放大系数按 2010 规范取值。

考虑楼板作为翼缘对梁刚度的贡献时,对于每根梁,由于截面尺寸和楼板厚度等差异,其刚度放大系数可能各不相同。SATWE 提供了按《混凝土结构设计规范》(GB 50010—2010)取值的选项,勾选此项后,程序将根据《混凝土结构设计规范》(GB 50010—2010)第 5.2.4 条的表格,自动计算每根梁的楼板有效翼缘宽度,按照 T 形截面与梁截面的刚度比例,确定每根梁的刚度系数。如果不勾选,则可对全楼指定唯一的刚度放大系数。

②采用梁刚度放大系数 B_k。

对于现浇楼盖,宜考虑楼板作为翼缘对梁刚度和承载力的影响。SATWE 可采用梁刚度放大系数对梁刚度进行放大,近似考虑楼板对梁刚度的贡献。刚度放大系数 B_k 一般可在 1.0~2.0 范围内取值。

③砼矩形梁转 T 形(自动附加楼板翼缘)。

《混凝土结构设计规范》(GB 50010—2010)第 5.2.4 条规定:"对现浇楼盖和装配整体式楼盖,宜考虑楼板作为翼缘对梁刚度和承载力的影响。"此项参数用以提供承载力设计时考虑楼板作为梁翼缘的功能。当勾选此项参数时,程序自动将所有混凝土矩形截面梁转换成 T 形截面,在刚度计算和承载力设计时均采用新的 T 形截面,此时梁刚度放大系数程序将自动置为 1,翼缘宽度的确定采用《混凝土结构设计规范》(GB 50010—2010)表 5.2.4 的方法。

④梁刚度放大系数按主梁计算。

勾选"梁刚度放大系数按 2010 规范取值"或"砼矩形梁转 T 形(自动附加楼板翼缘)"时,对于被次梁打断成多段的主梁,可以选择按照打断后的多段梁分别计算每段的刚度放大系数,也可以按照整根主梁进行计算。当勾选此项时,程序将自动进行主梁搜索并据此进行刚度放大系数的计算。

⑤地震作用连梁刚度折减系数。

多、高层结构设计中允许连梁开裂,开裂后连梁的刚度有所降低,程序中通过连梁刚度折减系数来反映开裂后的连梁刚度。为避免连梁开裂过大,此系数不宜取值过小,一般不宜小于 0.5。

《高规》第 5.2.1 条规定:"高层建筑结构地震作用效应计算时,可对剪力墙连梁刚度予以折减,折减系数不宜小于 0.5。"指定连梁刚度折减系数后,程序在计算时只在集成地震作用计算刚度阵时进行折减,竖向荷载和风荷载计算时连梁刚度不予折减。

⑥风荷载作用连梁刚度折减系数。

当风荷载作用水准提高到 100 年一遇或更高,进行承载力设计时,应允许一定限度地考虑连梁刚度的弹塑性退化,即允许连梁刚度折减,以便整个结构的设计内力分布更贴近实际,连梁本身也更容易设计。

可以通过该参数指定风荷载作用下全楼统一的连梁刚度折减系数,该参数对开洞剪力墙上方的墙梁及具有连梁属性的框架梁有效,不与梁刚度放大系数连乘。风荷载作用下内力计算采用折减后的连梁刚度,位移计算不考虑连梁刚度折减。

⑦梁柱重叠部分简化为刚域。

勾选该参数对梁端刚域与柱端刚域独立控制。

⑧考虑钢梁刚域。

当钢梁端部与钢管混凝土柱或者型钢混凝土柱相连接时,程序默认生成 0.4 倍梁高的梁端刚域;当与其他截面柱子相连时,默认不生成钢梁端的刚域。用户也可以根据需要在分析模型的设计属性补充修改时交互修改每个钢梁的刚域。

(9) 内力调整。

"内力调整"页如图 3.1.11 所示,此处介绍了主要的参数设置,未提及的以默认为主。

①剪重比调整。

勾选该项,程序将自动进行调整,也可单击"自定义调整系数"按钮,分层分塔指定剪重比调整系数。

②自定义楼层最小地震剪力系数。

程序提供了自定义楼层最小地震剪力系数的功能。当选择此项并填入恰当的 X、Y 向最小地震剪力系数时,程序不再按《抗规》表 5.2.5 确定楼层最小地震剪力系数,而是执行自定义值。

③弱、强轴方向动位移比例。

《抗规》第 5.2.5 条明确了三种调整方式:加速度段、速度段和位移段。当动位移比例为 0 时,程序采用加速度段方式进行调整;当动位移比例为 1 时,程序采用位移段方式进行调整;当动位移比例填 0.5 时,程序采用速度段方式进行调整。

另外,程序所说的弱轴对应结构长周期方向,强轴对应结构短周期方向。

④按刚度比判断薄弱层的方式。

程序修改了原有"按抗规和高规从严判断"的默认做法,改为提供"按抗规和高规从严判断"、"仅按抗规判断"、"仅按高规判断"和"不自动判断"四个选项供选择。程序默认值仍为"按抗规和高规从严判断"。

⑤调整受剪承载力突变形成的薄弱层,限值。

《高规》第 3.5.3 条规定:A 级高度高层建筑的楼层抗侧力结构的层间受剪承载力不宜小于其相邻

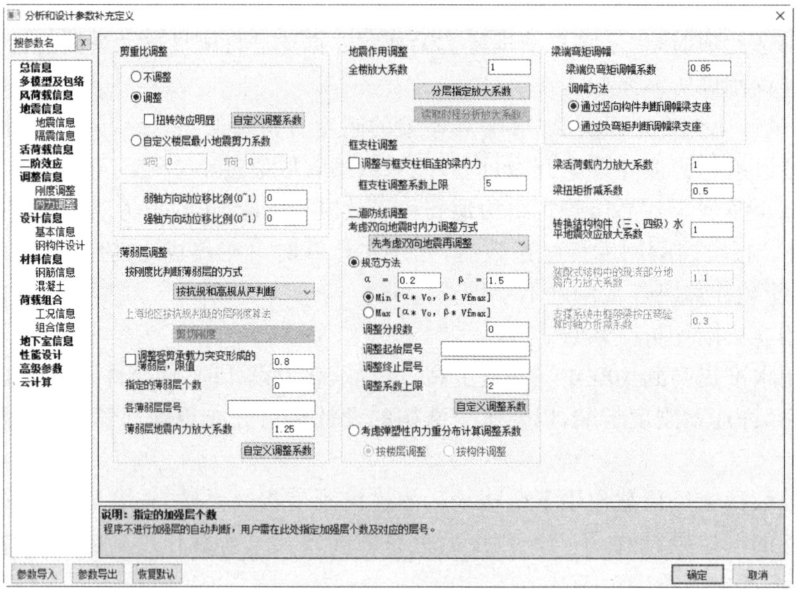

图 3.1.11 "内力调整"页

上一层受剪承载力的 80%,不应小于其相邻上一层受剪承载力的 65%;B 级高度高层建筑的楼层抗侧力结构的层间受剪承载力不应小于其相邻上一层受剪承载力的 75%。

当勾选该参数时,对于受剪承载力不满足《高规》第 3.5.3 条要求的楼层,程序会自动将该层指定为薄弱层,执行薄弱层相关的内力调整,并重新进行配筋设计。若该层已被指定为薄弱层,程序不会对该层重复进行内力调整。

采用此项功能时,应注意确认程序自动判断的薄弱层信息是否与实际相符。

⑥指定的薄弱层个数、各薄弱层层号。

SATWE 自动按楼层刚度比判断薄弱层并对薄弱层进行地震内力放大,但对于竖向抗侧力构件不连续或承载力变化不满足要求的楼层,不能自动判断为薄弱层,需要在此指定。填入薄弱层层号后,程序对薄弱层构件的地震作用内力按薄弱层地震内力放大系数进行放大,在输入各层号时以逗号或空格隔开。多塔结构还可在"前处理及计算"→"多塔"→"层塔属性"命令下分塔指定薄弱层。

⑦薄弱层地震内力放大系数、自定义调整系数。

《抗规》第 3.4.4-2 条规定薄弱层的地震剪力增大系数不小于 1.15。《高规》条文说明中第 3.5.8 条规定地震作用标准值的剪力应乘以 1.25 的增大系数。SATWE 对薄弱层地震剪力调整的做法是直接放大薄弱层构件的地震作用内力。"薄弱层地震内力放大系数"即由用户指定放大系数,以满足不同需求。程序缺省值为 1.25。

也可单击"自定义调整系数"按钮,分层分塔指定薄弱层地震内力放大系数。自定义信息记录在SATINPUTWEAK.PM 文件中,填写方式同剪重比自定义调整系数。

⑧地震作用调整。

程序支持全楼地震作用放大系数,可通过此参数来放大全楼地震作用,提高结构的抗震安全度,其经验取值范围是 1.0～1.5。

⑨框支柱调整。

《高规》第 10.2.17 条规定:框支柱剪力调整后,应相应调整框支柱的弯矩及柱端框架梁的剪力和弯矩。程序自动对框支柱的剪力和弯矩进行调整,与框支柱相连的框架梁的剪力和弯矩是否进行相应调整,由设计人员决定,通过此项参数进行控制。

程序计算的框支柱的调整系数值可能很大,因此,可设置调整系数的上限值,这样程序进行相应调整时,采用的调整系数将不会超过这个上限值。程序缺省的框支柱调整系数上限为 5.0,可以自行修改。

⑩梁端负弯矩调幅系数。

在竖向荷载作用下,钢筋混凝土框架梁设计允许考虑混凝土的塑性变形内力重分布,适当减小支座负弯矩,相应增大跨中正弯矩。梁端负弯矩调幅系数可在 0.8~1.0 范围内取值。此处指定的是全楼的混凝土梁的调幅系数,用户也可以在"前处理及计算"→"特殊构件补充定义"→"特殊梁"中修改单根梁的调幅系数。钢梁不允许进行调幅。

在实际工程中,刚度较大的梁有时也可作为刚度较小的梁的支座。程序新增了"通过负弯矩判断调幅梁支座"的功能。程序可自动搜索恒载下主梁的跨中负弯矩处,并将其作为支座来进行分段调幅。

⑪梁活荷载内力放大系数。

梁活荷载内力放大系数用于考虑活荷载不利布置对梁内力的影响,可将活荷载作用下的梁内力(包括弯矩、剪力、轴力)进行放大,然后与其他荷载工况进行组合。一般工程建议取值 1.1~1.2。如果已经考虑了活荷载不利布置,则应填 1。

⑫梁扭矩折减系数。

对于现浇楼板结构,可以考虑楼板对梁抗扭的作用对梁的扭矩进行折减。折减系数可在 0.4~1.0 范围内取值。

⑬转换结构构件(三、四级)水平地震效应放大系数。

按《抗规》3.4.4-2-1 条要求,转换结构构件的水平地震作用计算内力应乘以 1.25~2.0 的放大系数;按照《高规》10.2.4 条的要求,特一级、一级、二级的转换结构构件的水平地震作用计算内力应分别乘以增大系数 1.9、1.6 和 1.3。此处填写大于 1.0 的数时,三、四级转换结构构件的地震内力乘以此放大系数。

(10) 设计信息。

设计信息包含基本信息和钢构件设计信息,此处只解释"基本信息"页参数。

"基本信息"页如图 3.1.12 所示,此处介绍了主要的参数设置,未提及的以默认为主。

①梁按压弯计算的最小轴压比。

梁承受的轴力一般较小,默认按照受弯构件计算。实际工程中某些梁可能承受较大的轴力,此时应按照压弯构件进行计算。"梁按压弯计算的最小轴压比"用来控制梁按照压弯构件计算的临界轴压比,默认值为 0.15。当计算轴压比大于该临界值时按照压弯构件计算。此处计算轴压比指的是所有抗震组合和非抗震组合轴压比的最大值。如填入 0 则表示梁全部按受弯构件计算。目前程序对混凝土梁和型钢混凝土梁都执行了这一参数。

②梁按拉弯计算的最小轴拉比。

用户可指定用来控制梁按拉弯计算的最小轴拉比,默认值为 0.15。

③框架梁端配筋考虑受压钢筋。

若勾选此选项,程序将按照《混凝土结构设计规范》(GB 50010—2010)第 5.4.3 条规定,对非地震作用下调幅梁考虑梁端受压区高度校核,如果不满足要求,程序会自动添加受压钢筋以满足受压区高度要求。

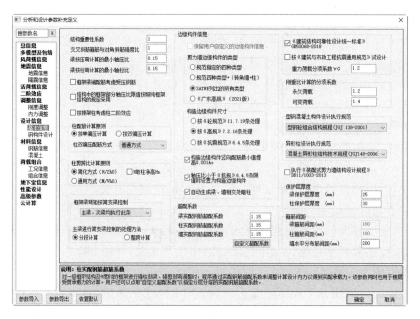

图 3.1.12 "基本信息"页

④结构中的框架部分轴压比限值按照纯框架结构的规定采用。

根据《高规》第 8.1.3 条规定,对于框架-剪力墙结构,当底层框架部分承受的地震倾覆力矩的比值在一定范围内时,框架部分的轴压比需要按框架结构的规定采用。勾选此选项后,程序将按纯框架结构的规定控制结构中框架柱的轴压比。除轴压比外,其余设计仍应遵循框架-剪力墙结构的规定。

⑤按排架柱考虑柱二阶效应。

勾选此项时,程序将按照《混凝土结构设计规范》(GB 50010—2010)第 B.0.4 条的方法计算柱轴压力二阶效应,此时柱计算长度系数仍缺省,采用底层 1.0、上层 1.25,对于排架结构柱,应注意自行修改其长度系数。不勾选时,程序将按《混凝土结构设计规范》(GB 50010—2010)第 6.2.4 条的规定考虑柱轴压力二阶效应。

⑥柱配筋计算原则。

选择按单偏压计算时,程序按单偏压计算公式分别计算柱两个方向的配筋;选择按双偏压计算时,程序按双偏压计算公式计算柱两个方向的配筋和角筋。对于指定的"角柱",程序将强制采用双偏压计算方式进行配筋计算。

⑦主梁进行简支梁控制的处理方法。

《高规》第 5.2.3-4 条规定:框架梁跨中截面正弯矩设计值不应小于竖向荷载作用下按简支梁计算的跨中弯矩设计值的 50%。

执行《高规》5.2.3-4 条时,对于被次梁打断为多段的主梁,可选择分段进行跨中弯矩的控制,也可选择对整跨主梁进行控制。

⑧保留用户自定义的边缘构件信息。

该参数用于保留在后处理中自定义的边缘构件信息,默认不允许勾选,只有修改了边缘构件信息后才允许勾选。

⑨超配系数。

对一级框架结构及 9 度时的框架进行强柱弱梁、强剪弱弯调整时,程序通过实配钢筋超配系数来调整计算设计内力以得到实配承载力。该参数同时也用于楼层受剪承载力的计算。用户还可以单击"自定义超配系数"按钮以指定分层分塔的实配钢筋超配系数。

⑩梁箍筋间距、柱箍筋间距。

梁箍筋间距、柱箍筋间距强制为 100 mm，不允许修改。对于箍筋间距非 100 mm 的情况，可对配筋结果进行折算。

（11）材料信息。

材料信息主要包含钢筋信息和混凝土信息。"钢筋信息"页和"混凝土"页如图 3.1.13 和图 3.1.14 所示。

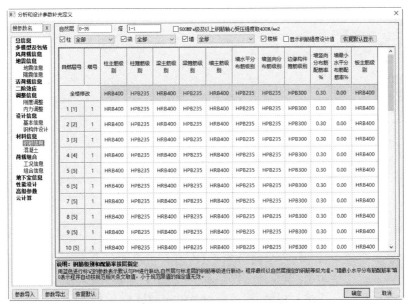

图 3.1.13　"钢筋信息"页

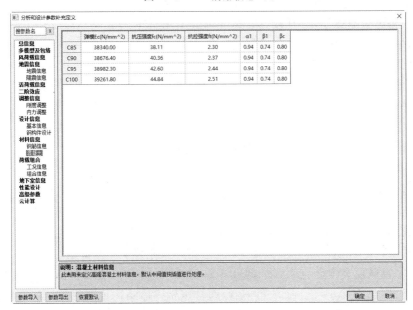

图 3.1.14　"混凝土"页

（12）荷载组合。

"荷载组合"包含"工况信息"页和"组合信息"页，"工况信息"页如图 3.1.15 所示。

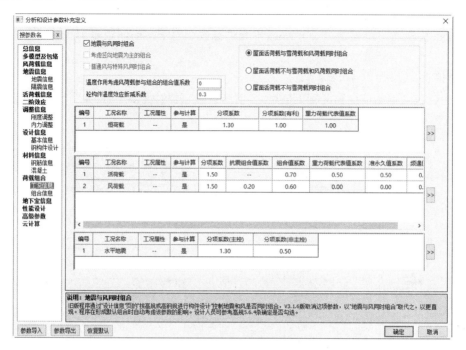

图 3.1.15 "工况信息"页

利用"工况信息"页可集中对各工况进行分项系数、组合值系数等参数修改，按照永久荷载、可变荷载及地震作用分为三类进行交互，其中新增工况依据《建筑结构荷载规范》（GB 50009—2012）第 5 章相关条文采用相应的默认值。各分项系数、组合值系数等影响程序默认的组合。

"组合信息"页如图 3.1.16 所示。

在"组合信息"页可查看程序采用的默认组合，也可采用自定义组合。程序提供的组合表达方式简洁直观，方便导入或导出文本格式的组合信息。

其中新增工况的组合方式已默认采用《建筑结构荷载规范》（GB 50009—2012）的相关规定，通常无须干预。在"工况信息"页修改的相关系数会即时体现在默认组合中，可随时查看。

程序给出两种组合形式：一种是概念组合，每个组合对应多个详细组合，组合中的工况为概念工况，其中 EX（X 向地震）代表具体的工况，如 X 向地震、X 向正负偶然偏心；另一种是详细组合，每个组合中的工况为真实工况，更便于校核。目前程序默认按照详细组合输出。

（13）地下室信息。

"地下室信息"页如图 3.1.17 所示。

①室外地面与结构最底部的高差 H（m）。

该参数同时控制回填土约束和风荷载计算，填 0 表示缺省，程序取地下一层顶板到结构最底部的距离。对于回填土约束，H 为正值时，程序按照 H 值计算约束刚度，H 为负值时，计算方式同填 0 一致。风荷载计算时，程序将风压高度变化系数的起算零点取为室外地面，即取起算零点的 Z 坐标为（Z_{min}＋H），Z_{min} 表示结构最底部的 Z 坐标。H 填负值时，通常用于主体结构顶部附属结构的独立计算。

②X、Y 向土层水平抗力系数的比例系数（m 值）。

图 3.1.16 "组合信息"页

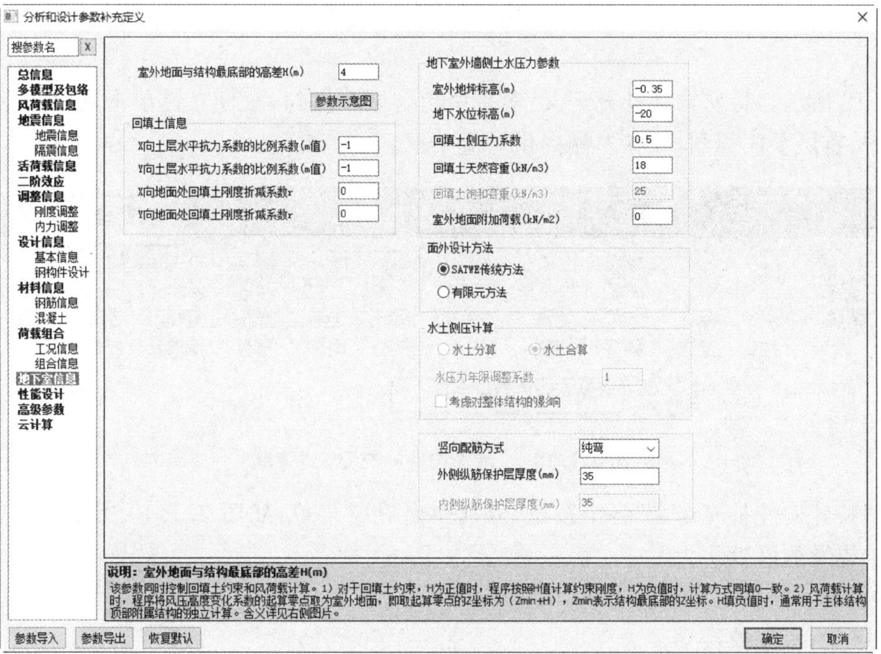

图 3.1.17 "地下室信息"页

　　该参数可以参照《建筑桩基技术规范》(JGJ 94—2008)表 5.7.5 的灌注桩项来取值。m 的取值一般为 2.5~100,少数情况的中密、密实的沙砾或碎石类土层的 m 值可为 100~300。

　　③X、Y 向地面处回填土刚度折减系数 r。

该参数主要用来调整室外地面回填土刚度。回填土刚度的分布允许为矩形($r=1$)、梯形($0<r<1$)和三角形($r=0$)。当填 0 时,回填土刚度分布为三角形。

④室外地坪标高(m)、地下水位标高(m)。

以结构±0.000 标高为准,高则填正值,低则填负值。

⑤回填土侧压力系数、回填土天然容重和回填土饱和容重。

这些参数用来计算地下室外围墙侧土压力。

⑥面外设计方法。

程序提供两种地下室外墙设计方法:一种为 SATWE 传统方法,即延续了旧版本的计算方法;另一种为有限元方法,即内力计算时采用有限元方法。

⑦水土侧压计算。

程序提供两种选择,即水土分算和水土合算。选择"水土合算"时,水土侧压为增加土压力+地面活载(即室外地面附加荷载);选择"水土分算"时,水土侧压为增加土压力+水压力+地面活载(即室外地面附加荷载)。

(14) 性能设计。

当需考虑性能设计时,应勾选该选项。

2. 特殊构件补充定义

本菜单补充定义的信息将用于 SATWE 计算分析和配筋设计,程序已自动对所有属性赋予初值,如无须改动,则直接略过本菜单进行下一步操作。即使无须补充定义,也可利用本菜单查看程序初值。

程序以颜色区分数值类信息的缺省值和用户指定值:缺省值以暗灰色显示,用户指定值以亮白色显示。

如图 3.1.18 所示,"特殊构件补充定义"菜单中包含多个按钮,鼠标左键单击其中任意按钮,程序会在屏幕绘出结构首层平面简图,并在左侧提供对应菜单。

图 3.1.18 "特殊构件补充定义"菜单

依次点开"特殊构件补充定义"各个按钮,分别弹出对应菜单,如图 3.1.19 所示。此处介绍了主要的参数设置,未提及的以默认为主。

(1) 特殊梁。

①一端铰接梁、两端铰接梁。

铰接梁没有隐含定义,需要使用者自己指定。用光标点取需定义的梁,则该梁在靠近光标的一端会出现一个红色小圆点,表示梁的该端为铰接,若一根梁的两端都为铰接,需在这根梁两端用光标各单击一次,使该梁两端均出现一个红色小圆点。

②不调幅梁、连梁、转换梁。

SATWE 在配筋计算时对调幅梁自动进行支座及跨中弯矩的调幅。

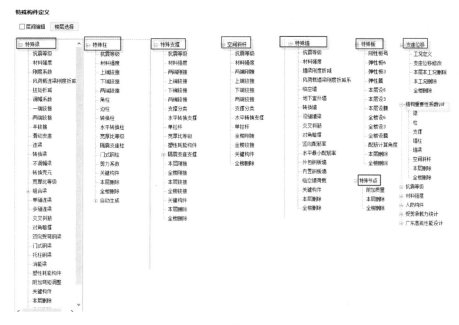

图 3.1.19 特殊构件定义详细菜单

程序自动搜索"调幅梁"和"不调幅梁",具体原则是:搜索连续的梁段并判断其两端支座,如果两端均存在竖向构件(柱或墙)作为支座,即为"调幅梁",以暗青色显示;如两端都没有支座或仅有一端有支座(如次梁、悬臂梁等),则判断为"不调幅梁",以亮青色显示。如要修改,可先单击"不调幅梁"菜单,然后选取相应的梁,则该梁会在"调幅梁"和"不调幅梁"之间进行切换。

"连梁"指与剪力墙相连,允许开裂,可作刚度折减的梁。此处特指对框架梁指定"连梁"属性,以便后续进行刚度折减、设计调整等。

"转换梁"包括部分框支剪力墙结构的托墙转换梁(即框支梁)和筒体结构的托柱转换梁,程序没有缺省判断,需要使用者指定,以亮白色显示。

③滑动支座梁。

滑动支座梁没有隐含定义,需要使用者自己指定。用光标点取需定义的梁,则该梁在靠近光标的一端出现一个白色小圆点,表示梁的该端为滑动支座。

④门式钢梁。

门式钢梁没有隐含定义,需要使用者指定。用光标点取需要定义的梁,则梁上会现"门式钢梁"字符,表示该梁为门式钢梁。

⑤消能梁。

消能梁没有隐含定义,需要使用者指定。用光标点取需定义的梁,则梁上标识"消能梁"字符,表示该梁为消能梁。

⑥组合梁。

组合梁没有隐含定义,需要使用者指定。点取"组合梁"可进入下级菜单。选择"自动生成",程序将从 PM 数据自动生成组合梁定义信息。

交互修改:点击"交互修改"按钮,会出现"组合梁查询/定义"对话框,可修改组合梁参数,点击"定义"按钮可指定某根梁为组合梁,点击"删除"按钮可取消其组合梁属性。

本层删除:删除本层的组合梁。

全楼删除:删除全楼的组合梁。

注意:在进行特殊梁定义时,不调幅梁、连梁和转换梁三者中只能进行一种定义,但门式钢梁、消能梁和组合梁可以同时定义,也可以同时和前三种梁中的一种进行定义。

(2) 特殊柱。

①上端铰接柱、下端铰接柱和两端铰接柱。

铰接柱没有隐含定义,使用者自行指定。上端铰接柱为亮白色,下端铰接柱为暗白色,两端铰接柱为亮青色。若想恢复为普通柱,只需在该柱上再点一下,柱颜色变为暗黄色,表明该柱已经被定义为普通柱了。

②角柱。

角柱没有隐含定义,需要使用者用光标依次点取需定义成角柱的柱,则该柱旁显示"角柱",表示该柱已被定义为角柱。若想把定义错的角柱改为普通柱,则只需用光标在该柱上点一下,此时"角柱"标识消失,表明该柱已被定义为普通柱了。

③转换柱。

转换柱由使用者自己定义。定义方法与"角柱"相同。

部分框支抗震墙结构的框支柱和托柱转换结构的转换柱均应在此指定为"转换柱"。

④水平转换柱。

带转换层的结构,水平转换构件除采用转换梁外,还可采用桁架、空腹桁架、条形结构、斜撑等,根据《高规》第 10.2.4 条,特级转换结构构件的水平地震作用计算内力应乘以增大系数。程序可对水平转换构件进行指定,并自动对其进行内力调整。

水平转换柱也由使用者自行指定,以字符"水平转换柱"标识。

⑤门式钢柱。

门式钢柱由使用者自行定义。定义方法与"角柱"相同,门式钢柱标识为"门式钢柱"。

(3) 特殊支撑。

①铰接支撑。

铰接支撑包含两端刚接支撑、上端铰接支撑、下端铰接支撑、两端铰接支撑,定义方法与"铰接梁"相同,铰接支撑的颜色为亮紫色,并在铰接端显示一红色小圆点。

②支撑分类。

根据新的规范条文,不再需要指定。自动搜索确定支撑的属性(人/V 支撑、十/斜支撑和偏心支撑),默认值为"人/V 支撑"。

③水平转换支撑。

水平转换支撑的含义和定义方法与"水平转换柱"类似,以亮白色显示。

④单拉杆。

单拉杆需要用户进行交互指定,只有钢支撑才允许指定为单拉杆。

⑤宽厚比等级。

在这里可以修改支撑宽厚比等级,且优先级最高。钢结构按《抗规》设计时,取消用户选择宽厚比限值的功能,默认指定为 S4。当选择按《钢结构设计标准》(GB 50017—2017)进行性能设计时,仍然由用户指定宽厚比等级。

⑥隔震支座支撑。

隔震支座支撑的定义与隔震支座柱类似。

⑦本层刚接、本层铰接。

混凝土支撑缺省为两端刚接,钢支撑缺省为两端铰接。使用该菜单,可方便地将本层支撑全部指定为两端刚接或两端铰接。

⑧全楼刚接、全楼铰接。

混凝土支撑缺省为两端刚接,钢支撑缺省为两端铰接。使用该菜单,可方便地将全楼支撑全部指定为两端刚接或两端铰接。

(4)空间斜杆。

"空间斜杆"菜单可以空间视图的方式显示结构模型,用于 PM 建模中以斜杆形式输入的构件的补充定义。各项菜单的具体含义及操作方式可参考"特殊梁"、"特殊柱"或"特殊支撑"选项。

(5)特殊墙。

①临空墙。

点取这项菜单可定义地下室人防设计中的临空墙,以红色宽线显示。只有在人防地下室层,才允许定义临空墙。临空墙由使用者指定,程序不缺省判断。

②地下室外墙。

程序自动搜索地下室外墙,并以灰白色标识。为避免程序搜索的局限性,可在此基础上进行人工干预。

当地下室层数改变时,仅地下室楼层的外墙定义信息予以保留,对于非地下室楼层,程序不允许定义地下室外墙。

③转换墙。

转换墙以黄色显示,并标有"转换墙"字样。在需要指定的墙上点击一次完成定义,再次点击取消定义。

程序允许以墙的形式输入工程中常出现的超大梁转换构件、箱式转换构件、加强层的实体伸臂和环带、悬挑层的实体伸臂等。这些用来"模拟水平转换构件的剪力墙"可称为"转换墙"。转换墙采用壳体有限元分析,通过应力积分得出梁式内力,按照转换梁做内力调整,最终给出梁式配筋。

④设缝墙梁。

当某层连梁上方连接上一层剪力墙因部分开洞形成的墙体时,会形成高跨比很大的高连梁,此时可以在该层使用设缝墙梁功能,将该片连梁分割成两片高度较小的连梁。

⑤交叉斜筋。

在此处指定相应的剪力墙,程序会对洞口上方的墙梁按"交叉斜筋"方式进行抗剪配筋。

⑥对角暗撑。

在此处指定相应的剪力墙,程序会对洞口上方的墙梁按"对角暗撑"方式进行抗剪配筋。

⑦竖向配筋率。

缺省值为"参数定义"→"配筋信息"→"钢筋信息"中的墙竖向分布筋配筋率,可以在此处指定单片墙的竖向分布筋配筋率。如当某边缘构件纵筋计算值过大时,可以在这里增加所在墙段的竖向分布筋配筋率。对于未定义的构件,不显示其配筋率,只有自定义的构件才显示其配筋率。

⑧水平最小配筋率。

缺省值为"参数定义"→"材料信息"→"钢筋信息"中的墙最小水平分布筋配筋率,可以在此处指定单片墙的最小水平分布筋配筋率,这个功能的用意在于对构造进行加强,如果指定的最小水平分布筋配筋率小于规范要求的构造值将不起作用。对于未定义的构件,不显示其配筋率,只有自定义的构件才显示其配筋率。当指定的水平最小配筋率小于规范要求的构造值时,程序自动取规范要求的构造值。

⑨外包钢板墙、内置钢板墙。

普通墙、普通连梁不能满足设计要求时,可考虑采用钢板墙和钢板连梁,钢板墙和钢板连梁的设计结果表达方式与普通墙相同。

⑩临空墙荷载。

此项菜单可单独指定临空墙的等效静荷载,缺省值如下:6 级及以上时为 110,其余为 210,单位为 kN/m^2。

(6)弹性板。

弹性板是以房间为单元进行定义的,一个房间为一个弹性板单元。定义时,只需用光标在某个房间内点一下,则在该房间的形心处出现一个内带数字的小圆环,圆环内的数字为板厚(单位:mm),表示该房间已被定义为弹性板。在内力分析时,程序将考虑该房间楼板的弹性变形影响,修改时,仅需在该房间内再点一下,则小圆环消失,说明该房间的楼板已不是弹性板单元。在平面简图上,小圆环内为 0,表示该房间无楼板或板厚为 0(洞口面积大于房间面积一半时,则认为该房间没有楼板)。

弹性板 6:程序真实地计算楼板平面内和平面外的刚度。

弹性板 3:假定楼板平面内无限刚,程序仅真实地计算楼板平面外刚度。

弹性膜:程序真实地计算楼板平面内刚度,楼板平面外刚度不考虑(取为 0)。

注意:弹性板由使用者指定,但对于斜屋面,如果没有指定,程序会默认为弹性膜,使用者可以指定为弹性板 6 或者弹性膜,不允许定义为刚性板或弹性板 3。

(7)特殊节点。

"特殊节点"菜单可用来指定节点的附加质量。附加质量是指不包含在恒载、活载中,但规范中规定地震作用计算应考虑的质量,如吊车桥架、自承重墙等的质量。用户可用本菜单在当前层的节点上布置附加质量。

这里输入的附加节点质量只影响结构地震作用计算时的统计质量。

(8)支座位移。

"支座位移"菜单可以在指定工况下编辑支座节点的 6 个位移分量。程序还提供了"读基础沉降结果"功能,可以读取基础沉降计算结果作为当前工况的支座位移。左侧对话框还提供了快捷删除功能,可以一键删除本层本工况、全楼本工况、全楼所有工况的支座位移定义。

进入该菜单时,程序会默认一个工况,如果需要编辑工况,可以点击左侧对话框的"工况定义"按钮,在弹出的工况定义对话框中添加或删除工况,也可以对工况名称进行修改。目前程序默认最多定义 20 个工况。

退出"支座位移"菜单时,如果未进行支座位移定义,程序会对支座位移工况进行清理。

(9)特殊属性。

①结构重要性系数。

在多用途与使用功能的建筑中,不同的楼层或不同的部位可能需要指定不同的重要性系数,程序提供了交互指定的功能。

②抗震等级、材料强度。

此处菜单功能与"特殊梁""特殊柱"等菜单下的"抗震等级""材料强度"功能相同。在"特殊梁""特殊柱"等菜单下只能修改梁或柱等单类构件的参数,而在此处,可查看、修改所有构件的抗震等级和材料强度,可根据具体情况选择相应菜单操作。

③人防构件。

只有定义人防层之后,所指定的人防构件才能生效。选择梁、柱、支撑或墙之后,在模型上点取相应的构件即可完成定义,并以"人防"字样标记,再次点取则取消定义。"本层全是"用于把本层所有构件指定为人防构件,"本层全否"用于把本层所有构件指定为非人防构件。"本层删除"和"全楼删除"分别用于删除本层和删除全楼用户自定义的人防构件,删除之后所有人防构件变为缺省值。

④受剪承载力统计。

考虑到工程的复杂性,程序提供了指定构件是否参与楼层受剪承载力统计的功能。可以根据工程实际,通过该菜单指定柱、支撑、墙、空间斜杆是否参与楼层受剪承载力的统计。该功能会影响楼层受剪承载力的比值,进而影响对结构竖向不规则性的判断,需根据实际情况使用。

3. 荷载补充

在 SATWE"前处理及计算"菜单下,"荷载补充"菜单包含"活荷折减"命令和"特殊荷载"命令,如图3.1.20 所示。

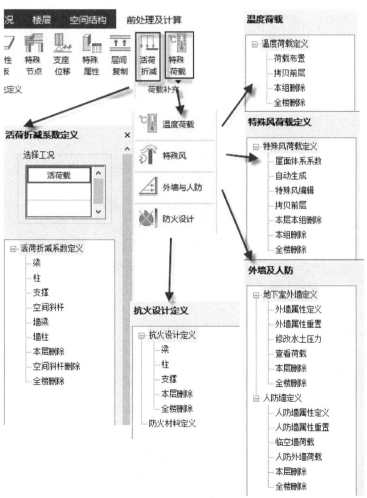

图 3.1.20 "荷载补充"菜单

①活荷折减。

程序默认的活荷载折减系数是根据"参数定义"→"活荷载信息"中楼面活荷载折减方式确定的。活荷载折减方式分为传统方式和按荷载属性确定构件折减系数的方式(具体规定参见《建筑结构荷载规范》(GB 50009—2012)第 5.1.2 条)。

如图 3.1.20 所示,单击"活荷折减"按钮,弹出"活载折减系数定义"对话框,点选构件类型并填入折减系数,然后在模型中选择相应的构件即可完成定义。当需要指定该层所有某种构件的折减系数,例如全部梁时,只需点选梁并填入折减系数,框选全部模型即可,没有选择的构件类型的折减系数不会被改变。"本层删除"和"全楼删除"分别用于删除当前层用户自定义的活荷折减系数、自定义的全部空间斜杆活荷折减系数和全部楼层中自定义的活荷折减系数,删除之后构件折减系数变成初始默认值。

②温度荷载。

本菜单通过指定结构节点的温度差来定义结构温度荷载,温度荷载记录在文件 SATWE_TEM.PM 中。若想取消定义可简单地将文件删除。

除第 0 层外,各层平面均为楼面。第 0 层对应首层地面。

若在 PMCAD 中对某一标准层的平面布置进行修改,须相应修改该标准层对应各层的温度荷载。所有平面布置未被改动的构件,程序会自动保留其温度荷载。但当结构层数发生变化时,应对各层温度荷载重新进行定义。

③特殊风。

对于平、立面变化比较复杂,或者对风荷载有特殊要求的结构或某些部位,例如空旷结构、体育场馆、工业厂房、有大悬挑结构的广告牌、候车站等,普通风荷载的计算方式可能不能满足要求,此时,可采用"特殊风荷载定义"菜单中的"自动生成"功能以更精细的方式自动生成风荷载,还可在此基础上进行修改。

特殊风荷载数据记录在文件 SPWIND.PM 中。若要取消定义,可简单地将该文件删除。

④防火设计。

用户可根据《建筑钢结构防火技术规范》(GB 51249—2017)进行构件级别的参数定义。

4. 多塔

"多塔"是一项补充输入菜单,可补充定义结构的多塔信息。对于一个非多塔结构,可跳过此项菜单,直接执行"生成数据"菜单,程序隐含规定该工程为非多塔结构。而对于多塔结构,一旦执行过本项菜单,补充输入和多塔信息将被存放在硬盘目录名为 SAT_TOW.PM 和 SAT_TOW_PARA.PM 的两个文件中,以后再启动 SATWE 的前处理文件时,程序会自动读入以前定义的多塔信息。若想取消已经对一个工程作出的补充定义,可简单地将 SAT_TOW.PM 和 SAT_TOW_PARA.PM 两个文件删掉。

多塔定义信息与 PMCAD 的模型数据密切相关,如果改变某层的平面布置,应相应修改或复核该层的多塔信息,其他标准层的多塔信息不变。若结构的标准层数发生变化,则多塔定义信息不被保留。

①多塔定义。

单击"多塔定义"按钮,弹出"多塔及遮挡定义"菜单,如图 3.1.21 所示。

图 3.1.21 "多塔及遮挡定义"菜单

使用者可以通过"多塔"下的命令选择由程序对各层平面自动划分多塔。对于多数多塔模型,多塔的自动生成功能都可以进行正确的划分,从而提高了使用者的操作效率。同时,程序不能自动划分个别较复杂的楼层,但是会对这样的楼层给出提示,这时,可通过人工定义多塔的方式作补充输入。

通过"遮挡定义"菜单,可以指定设缝多塔结构的背风面,从而在风荷载计算中自动考虑背风面的影响。遮挡定义方式与多塔定义方式基本相同,需要首先指定遮挡数、遮挡号、起始层号和终止层号,然后用闭合折线围区的方法依次指定各遮挡面的范围。每个塔可以同时有几个遮挡面,但是一个节点只能属于一个遮挡面。定义遮挡面时不需要分方向指定,只需要将该塔所有的遮挡边界以围区方式指定,也可以两个塔同时指定遮挡边界,但要注意围区要完整包括两个塔在这个部位的遮挡边界。

②层塔属性。

"层塔属性"命令可显示多塔结构各塔的关联简图,还可显示或修改各塔的有关参数,包括各层各塔的层高,梁、柱、墙和楼板的混凝土等级,钢构件的钢号,以及梁、柱、板保护层厚度等,如图 3.1.22 所示。使用者均可在程序缺省值基础上修改,也可点击"层塔属性删除"按钮,删除自定义的数据,恢复缺省值。

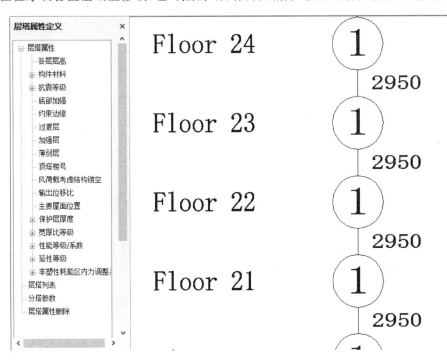

图 3.1.22　"层塔属性定义"菜单和各塔的关联简图

5. 模型修改

(1) 设计属性。

单击"前处理及计算"→"计算模型"→"模型修改"→"设计属性"按钮,弹出"设计属性补充定义"菜单,如图 3.1.23 所示。

"设计属性补充定义"菜单用来指定长度系数、梁柱刚域、刚度折减系数等,也可用来定义短肢墙、非短肢墙、双肢墙等,需要注意以下几点。

①程序在生成数据过程中自动计算柱长度系数、梁面外长度(支撑长度系数默认为 1.0)以及梁、柱刚域长度,该参数可查看或修改。

②短肢墙和非短肢墙只有没有默认值,在后续分析和设计过程中程序才会进行自动判断。用户在

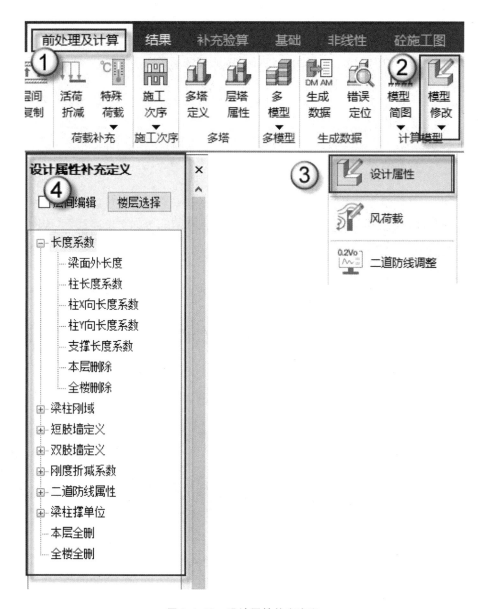

图 3.1.23 设计属性补充定义

这里指定的短肢墙和非短肢墙是优先级最高的,高于程序自动判断的结果。若使用者不认同程序自动判断的某些短肢墙,可以在这里取消其短肢墙的属性,程序不会对其进行短肢墙的相关设计。

③《高规》第 7.2.4 条规定:抗震设计的双肢剪力墙,其墙肢不宜出现小偏心受拉;当任一墙肢为偏心受拉时,另一墙肢的弯矩设计值及剪力设计值应乘以增大系数 1.25。程序的做法是当任一墙肢为偏心受拉时,对双肢剪力墙的两肢的弯矩设计值及剪力设计值均放大 1.25 倍。另外,程序不会对使用者指定的双肢墙做合理性判断,需要使用者自行保证指定的双肢墙的合理性。

④如果在"参数定义"菜单的"多模型及包络"页勾选了"少墙框架结构自动包络设计",则相应少墙框架子模型墙柱刚度折减系数默认值按"参数定义"菜单中的"墙柱刚度折减系数"取值;其他情况下构件刚度折减系数默认值为 1.0。

⑤自定义的信息在下次执行"生成数据"时仍会保留,除非模型发生改变。如果要恢复程序的缺省值,需要在左侧或下拉菜单中执行相应的删除操作。

⑥退出本菜单后,即可进行内力分析和配筋计算,不需要再执行"生成数据"命令。

(2) 风荷载。

单击"前处理及计算"→"计算模型"→"模型修改"→"风荷载"按钮,弹出"水平风荷载查询修改"菜单,如图 3.1.24 所示。

图 3.1.24 水平风荷载查询修改

执行"生成数据"命令后,程序会自动导算出水平风荷载用于后面的计算。如果认为程序自动导算的风荷载有必要修改,可在本菜单中查看并修改。

6. 生成数据＋全部计算

这项菜单是 SATWE 前处理的核心菜单,其功能是综合 PMCAD 生成的建模数据和前述几项菜单输入的补充信息,将其转换成空间结构有限元分析所需的数据格式。所有工程都必须执行本项菜单,正确生成数据并通过数据检查后,方可进行下一步的计算分析。可以分步计算,也可点击"生成数据＋全部计算"菜单,连续执行全部的操作。

SATWE 前处理生成数据的过程是将结构模型转化为计算模型的过程,是对 PMCAD 建立的结构进行空间整体分析的一个承上启下的关键环节,模型转化主要完成以下几项工作。

(1) 根据 PMCAD 结构模型和 SATWE 计算参数,生成每个构件上与计算相关的属性、参数以及楼板类型等信息。

(2) 生成实质上的三维计算模型数据。根据 PMCAD 模型中的已有数据确定所有构件的空间位置,生成一套新的三维模型数据。该过程中会将按层输入的模型进行上下关联,构件之间通过空间节点相连,从而得以建立完备的三维计算模型。

(3) 将各类荷载加载到三维计算模型上。

(4) 根据力学计算的要求,对模型进行合理简化和容错处理,使模型既能满足有限元计算的需求,又确保简化后的计算模型能够反映实际结构的力学特性。

(5) 在空间模型上对剪力墙和弹性板进行单元剖分,为有限元计算准备数据。

3.1.4 结果(SATWE 后处理的主要功能)

单击"结果"菜单,弹出如图 3.1.25 所示的界面。

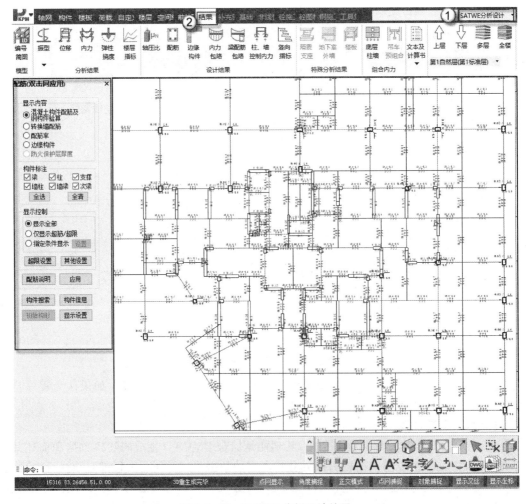

图 3.1.25 SATWE 分析设计结果

（1）编号简图。

单击"结果"→"模型"→"编号简图"按钮，可弹出"构件信息"对话框。再次单击下方的"构件信息"按钮，在弹出的对话框中选择构件类型后，在中心显示区使用鼠标左键单击构件，即弹出对应构件的信息框，如图 3.1.26 所示。

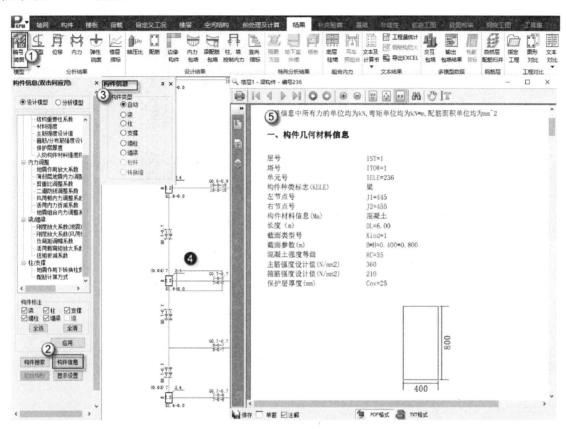

图 3.1.26　构件信息

在"构件信息"对话框中，还可以进行构件搜索，快速定位二维或三维图中的构件。

单击"构件信息"按钮下方的"显示设置"按钮，弹出"显示设置"对话框，包含"构件设置"、"文字设置"、"颜色设置"和"其他设置"。

（2）分析结果。

利用"分析结果"菜单可以查看振型、位移、内力、弹性挠度、楼层指标等的计算结果。以下列出振型和位移的显示图形。

①振型。

此项菜单用于查看结构的三维振型图及其动画，如图 3.1.27 所示。通过该菜单，使用者可以观察各振型下结构的变形形态，判断结构的薄弱方向，确认结构计算模型是否存在明显的错误。

②位移。

此项菜单用来查看不同荷载工况下结构的空间变形情况，如图 3.1.28 所示。通过"位移动画"和"位移云图"选项可以清楚地看到不同荷载工况下结构的变形过程，在"位移标注"选项中还可以看到不同荷载工况下节点的位移数值。

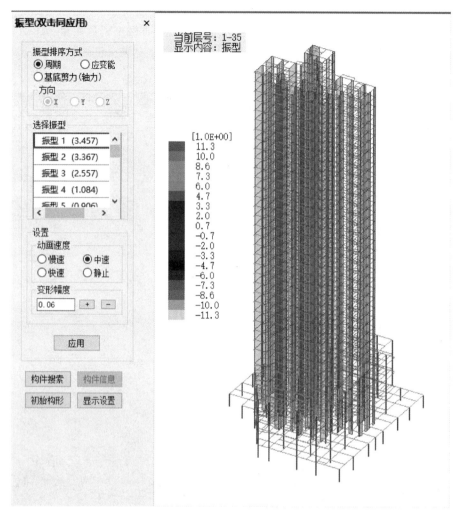

图 3.1.27 振型

（3）设计结果。

利用"设计结果"菜单可以查看轴压比、配筋、边缘构件、内力包络、梁配筋包络、柱、墙控制内力和竖向指标的计算结果，如图 3.1.29 所示。

单击"轴压比"按钮，会弹出如图 3.1.30 所示界面，勾选"显示限值"的选项后，如果该设计指标存在限值，则指标值与限值会同时显示，可以清楚地进行比较，尤其对于超限的内容，可明确知道超限的幅度，以便后续调整。

单击"配筋"按钮，会弹出如图 3.1.31 所示界面，在此可以查看构件的配筋验算结果，如混凝土构件配筋及钢构件验算、转换墙配筋等。为了满足设计需求，程序增加了配筋率的显示、字符开关、进位显示、超限设置、指定条件显示等功能。

（4）文本结果。

如图 3.1.32 所示，"结果"→"文本结果"菜单下的"文本及计算书"中可以查看新版、旧版和英文版计算书。"文本结果"菜单还包括了"工程量统计"和"导出 EXCEL"等功能。

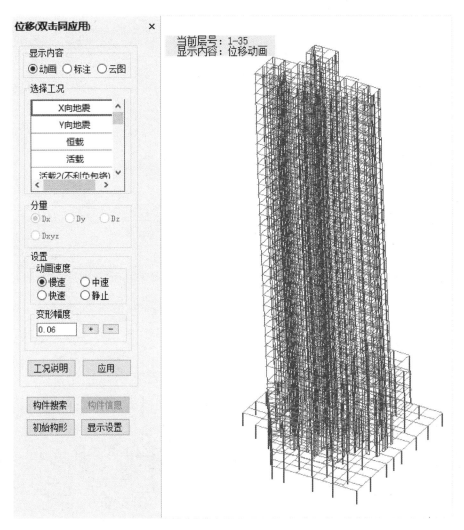

图 3.1.28　位 移

图 3.1.29　设 计 结 果

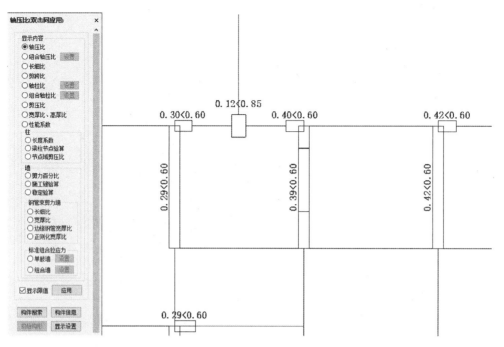

图 3.1.30 轴压比

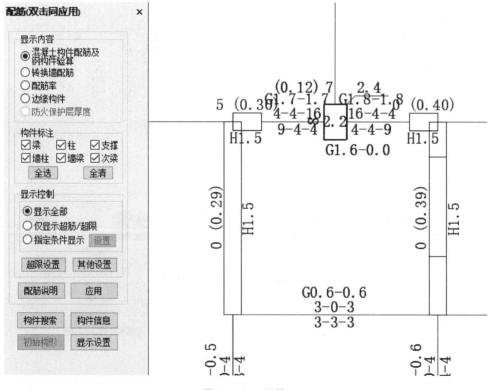

图 3.1.31 配筋

图 3.1.32　文本结果

3.2　调整结构模型

3.2.1　宏观指标的调整

结合《抗规》《高规》和文本结果查找六大宏观指标。宏观指标主要是从整体上判断结构形式是否合理。

1. 周期比

（1）作用。

周期比主要用来控制结构扭转效应,减小扭转对结构产生的不利影响,是最容易超标的宏观指标之一。

（2）规范、规程。

参看《高规》第 3.4.5 条。结构扭转为主的第一自振周期 T_t 与平动为主的第一自振周期 T_1 之比,A级高度高层建筑不应大于 0.9,B 级高度高层建筑、超过 A 级高度的混合结构及《高规》第 10 章所指的复杂高层建筑不应大于 0.85。

（3）验算方法。

单击"文本结果"→"文本及计算书"→"旧版文本查看"按钮,会弹出"旧版文本查看"对话框,如图 3.2.1 所示。点击第 2 项"周期 振型 地震力-WZQ.OUT"下的"WZQ.OUT"按钮,会弹出一个"WZQ.OUT"文件,主要看前三个周期,如图 3.2.2 所示。

扭转为主的第一自振周期是 3 号振型,周期为 0.5001 s。平动为主的第一自振周期是 1 号振型,周期是 0.5836 s。

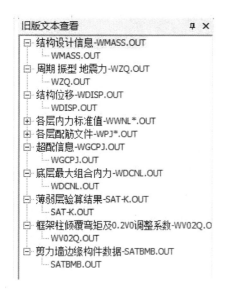

图 3.2.1 "旧版文本查看"对话框

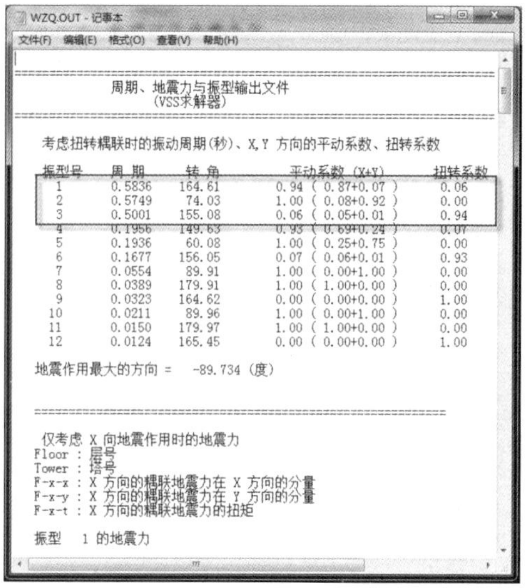

根据规范、规程要求：

周期比＝扭动第一周期(T_t)/平动第一周期(T_1)＝0.5001/0.5836≈0.857＜0.9(满足周期比)

一个好的结构形式，第一、第二自振周期是平动，第三自振周期是扭动。单击"分析结果"→"振型"按钮，在弹出的对话框中选择相应的振型，来检查第1、2、3号振型是否满足"第一、第二自振周期是平动，第三自振周期是扭动"的要求，如图3.2.3所示。

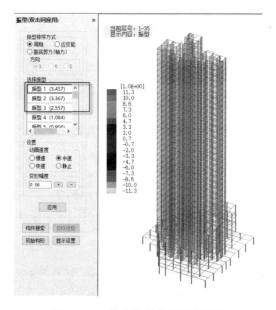

图 3.2.3 结构整体空间振动简图

图 3.2.2 WZQ.OUT 文件 1

(4) 超标解决方案。

周期比超标，从数值上来说是"$T_t/T_1＞0.9$"，从现象上来说是扭动周期提前。解决方案是将建筑物周围的梁、柱截面加大，把整个建筑物箍住，防止地震时建筑物扭转。

2. 位移比

(1) 作用。

位移比主要用来控制结构平面规则性，以免形成扭转，对结构产生不利影响，是最容易超标的指标之一。

(2) 规程、规范。

参看《高规》第 3.4.5 条。

在考虑偶然偏心影响的规定水平地震力作用下，楼层竖向构件最大的水平位移和层间位移，A 级高度高层建筑不宜大于该楼层平均值的 1.2 倍，不应大于该楼层平均值的 1.5 倍；B 级高度高层建筑、超过 A 级高度的混合结构及《高规》第 10 章所指的复杂高层

建筑不宜大于该楼层平均值的 1.2 倍，不应大于该楼层平均值的 1.4 倍。

（3）验算方法。

单击"文本结果"→"文本及计算书"→"旧版文本查看"按钮，会弹出"旧版文本查看"对话框，点击第3项"结构位移-WDISP. OUT"下的"WDISP. OUT"按钮，会弹出一个"WDISP. OUT"文件，看"Ratio-(X)，Ratio-(Y)；Ratio$-D_x$，Ratio$-D_y$"这两个数值，如图3.2.4所示。注意每个工况、每一层都要看。这两个值绝对不能超过1.5，另外不宜超过1.2。

（4）超标解决方案。

若位移比超标，就找到当层的最大位移所在的节点，将构件的截面尺寸加大即可。

3. 刚度比

（1）作用。

刚度比主要用来控制结构竖向规则性，以免竖向刚度突变，形成薄弱层，是容易超标的宏观指标之一。

（2）规程、规范。

参看《高规》第3.5.2条。

抗震设计时，高层建筑相邻楼层的侧向刚度变化应符合下列规定：对框架结构，楼层与其相邻上层的侧向刚度比 γ_1 可按式（3.2.1）计算，且本层与相邻上层的刚度比值不宜小于0.7，与相邻上部三层刚度平均值的比值不宜小于0.8。

$$\gamma_1 = \frac{V_i \Delta_{i+1}}{V_{i+1} \Delta_i} \tag{3.2.1}$$

（3）验算方法。

单击"文本结果"→"文本及计算书"→"旧版文本查看"按钮，在弹出的"旧版文本查看"对话框中点击第1项"结构设计信息-WMASS. OUT"下的"WMASS. OUT"按钮，会弹出一个"WMASS. OUT"文件，看"Ratx1，Raty1"这个数值，如图3.2.5所示。注意每层中这个值绝对不能小于1。

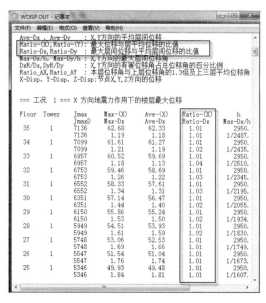

图3.2.4 WDISP. OUT文件

图3.2.5 WMASS. OUT文件1

（4）超标解决方法。

如果刚度比超标，表明"Ratx1，Raty1"这个数值小于 1，程序会自动加大薄弱层地震剪力放大系数。如果超标过大，则可以增大底层柱、剪力墙截面尺寸。

4. 剪重比

（1）作用。

剪重比主要用来控制各楼层最小地震剪力，确保结构安全，是一般情况不会超标的宏观指标。

（2）规程、规范。

参看《抗规》表 5.2.5，如表 3.2.1 所示。

表 3.2.1　楼层最小地震剪力系数值

类　　别	6 度	7 度	8 度	9 度
扭转效应明显或基本周期小于 3.5 s 的结构	0.008	0.016(0.024)	0.032(0.048)	0.064
基本周期大于 5.0 s 的结构	0.006	0.012(0.018)	0.024(0.036)	0.048

注：①基本周期介于 3.5 s 和 5 s 之间的结构，按插入法取值；

　　②括号内数值分别用于设计基本地震加速度为 0.15g 和 0.30g 的地区。

（3）验算方法。

单击"文本结果"→"文本及计算书"→"旧版文本查看"按钮，在弹出的"旧版文本查看"对话框中点击第 2 项"周期 振型 地震力-WZQ. OUT"下的"WZQ. OUT"按钮，会弹出一个"WZQ. OUT"文件，看"各层 X 方向作用力(CQC)""各层 Y 方向作用力(CQC)"栏中的整层剪重比，如图 3.2.6 所示。注意这个值绝对不能小于表 3.2.1 中所列数据。

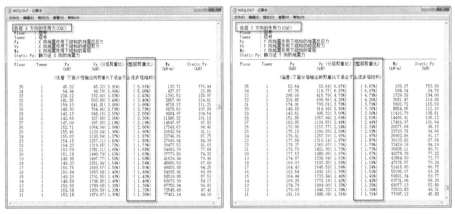

图 3.2.6　WZQ. OUT 文件 2

（4）超标解决方案。

如果剪重比超标，则哪一层剪重比超标，就增加下面各层的柱、剪力墙截面。例如第 4 层剪重比超标，就增加 1～3 层的柱、剪力墙截面。

5. 刚重比

（1）作用。

刚重比就是重力二阶效应和 $P\text{-}\Delta$ 效应，主要用来控制结构的稳定性，以免结构产生滑移和倾覆，是一个一般情况下不会超标的宏观指标。

（2）规范、规程。

参看《高规》第 5.4 节，其中第 5.4.3 条内容如下。

高层建筑结构的重力二阶效应可采用有限元方法进行计算，也可采用对未考虑重力二阶效应的计算结果乘以增大系数的方法近似考虑。近似考虑时，结构位移增大系数 F_1、F_{1i} 以及结构构件弯矩和剪力增大系数 F_2、F_{2i} 可分别按下列规定计算，位移计算结果仍应满足本规程第 4.7.3 条的规定。

（3）验算方法。

单击"文本结果"→"文本及计算书"→"旧版文本查看"按钮，在弹出的"旧版文本查看"对话框中点击第 1 项"结构设计信息-WMASS.OUT"下的"WMASS.OUT"按钮，会弹出一个"WMASS.OUT"文件，看"结构整体稳定验算结果"这一栏，如图 3.2.7 所示。

（4）超标解决方案。

刚重比超标后，程序会自动考虑重力二阶效应和 $P\text{-}\Delta$ 效应，不需要人为作过多设置。

图 3.2.7　WMASS.OUT 文件 2

6. 轴压比

（1）作用。

轴压比主要用来控制结构的延性，规范对墙肢和柱均有相应限值要求。轴压比是一个容易超标的宏观指标，但是解决方法很简单。

（2）规范、规程。

参看《抗规》表 6.3.6，如表 3.2.2 所示。

表 3.2.2　柱轴压比限值

结构类型	抗震等级			
	一	二	三	四
框架结构	0.65	0.75	0.85	0.90
框架-抗震墙、板柱-抗震墙、框架-核心筒及筒中筒	0.75	0.85	0.90	0.95
部分框支抗震墙	0.6	0.7	—	

注：①轴压比指柱组合的轴压力设计值与柱的全截面面积和混凝土轴心抗压强度设计值乘积之比值；对本规范规定不进行地震作用计算的结构，可取无地震作用组合的轴力设计值计算；

②表内限值适用于剪跨比大于 2、混凝土强度等级不高于 C60 的柱；剪跨比不大于 2 的柱，轴压比限值应降低 0.05；剪跨比小于 1.5 的柱，轴压比限值应专门研究并采取特殊构造措施；

③沿柱全高采用井字复合箍且箍筋肢距不大于 200 mm、间距不大于 100 mm、直径不小于 12 mm；或沿柱全高采用复合螺旋箍、螺旋间距不大于 100 mm、箍筋肢距不大于 200 mm、直径不小于 12 mm；或沿柱全高采用连续复合矩形螺旋箍、螺旋净距不大于 80 mm、箍筋肢距不大于 200 mm、直径不小于 10 mm，轴压比限值可增加 0.10；上述三种箍筋的最小配箍特征值均应按增大的轴压比由本规范表 6.3.9 确定；

④在柱的截面中部附加芯柱，其中另加的纵向钢筋的总面积不少于柱截面面积的 0.8%，轴压比限值可增加 0.05；此项措施与注③的措施共同采用时，轴压比限值可增加 0.15，但箍筋的体积配箍率仍可按轴压比增加 0.10 的要求确定；

⑤柱轴压比不应大于 1.05。

（3）验算方法。

单击"结果"→"设计结果"→"轴压比"按钮，会弹出一个"轴压比"对话框，如图 3.2.8 所示，可以在此查看各层各构件的轴压比验算值，如果数值标红，则表明超标。

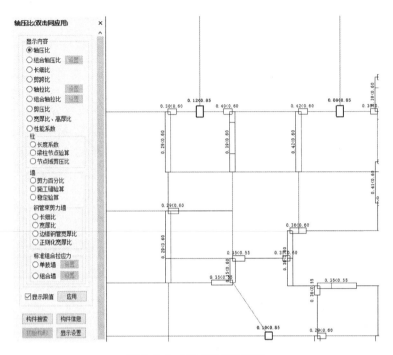

图 3.2.8 "轴压比"对话框

（4）超标解决方案。

哪个构件的轴压比超标（数值标红），就增大哪个构件的截面尺寸。

3.2.2 微观指标

微观指标主要是从建筑物结构特性的一些细节去判断结构设计的合理性，此时不需要考虑建筑的整体特性。

1. 超配筋信息

单击"文本结果"→"文本及计算书"→"旧版文本查看"按钮，在弹出的"旧版文本查看"对话框中点击第 6 项"超配信息-WGCPJ.OUT"下的"WGCPJ.OUT"按钮，会弹出一个"WGCPJ.OUT"文件，框出部分所示就是超配筋信息，如图 3.2.9 所示。

还可以通过图形文件查找更详细的超配筋构件。单击"结果"→"设计结果"→"配筋"按钮，会弹出如图 3.2.10 所示的对话框，点选"混凝土构件配筋及钢构件验算"选项，右侧界面即显示钢筋配筋图，如图 3.2.11 所示。如果数值标红，则表明超配筋。

哪个构件超配筋（数值标红），就增大哪个构件的截面尺寸。

2. 跨高比

跨高比是针对梁的一种微观指标，参看《高规》第 6.3.1 条。

框架结构的主梁截面高度可按计算跨度的 1/18～1/10 确定；梁净跨与截面高度之比不宜小于 4。梁的截面宽度不宜小于梁截面高度的 1/4，也不宜小于 200 mm。

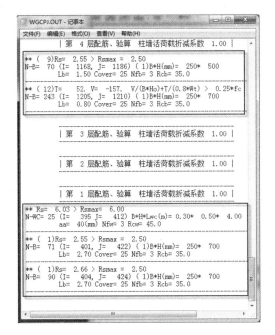

图 3.2.9　WGCPJ.OUT 文件

图 3.2.10　"配筋"对话框

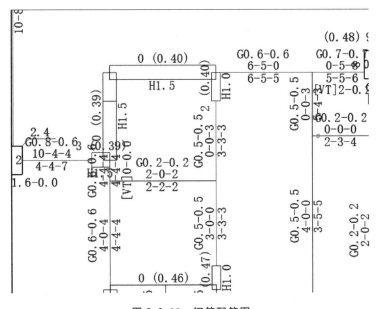

图 3.2.11　钢筋配筋图

当梁高较小或采用扁梁时,除应验算其承载力和受剪截面要求外,尚应满足刚度和裂缝的有关要求。在计算梁的挠度时,可扣除梁的合理起拱值;对现浇梁板结构,宜考虑梁受压翼缘的有利影响。

3. 高厚比

高厚比是针对剪力墙的一种微观指标,参看《高规》第7.2.1条。

剪力墙的截面厚度应符合下列规定。

(1) 应符合《高规》附录 D 的墙体稳定验算要求。

（2）一、二级剪力墙：底部加强部位不应小于 200 mm，其他部位不应小于 160 mm；一字形独立剪力墙底部加强部位不应小于 220 mm，其他部位不应小于 180 mm。

（3）三、四级剪力墙：不应小于 160 mm，一字形独立剪力墙底部加强部位尚不应小于 180 mm。

（4）非抗震设计时不应小于 160 mm。

（5）剪力墙井筒中，分隔电梯井或管道井的墙肢截面厚度可适当减小，但不宜小于 160 mm。

注意：本章是 SATWE 后处理验算结果的核心内容，不仅要记下常用的数值选项，还应能找到相应规范、规程的位置。结构设计须遵循的规范非常多，使用者在操作 SATWE 时必须小心谨慎。

第4章 主楼地上部分绘制施工图

结构施工图主要表达建筑物的结构布局和各承重构件的材料、形状、大小及其内部构造等情况,用以作为施工放线,挖基槽,配置钢筋,安装模板,设置预埋件,浇灌混凝土,安装柱、梁、板等构件,以及编制预算和施工程序的依据。

4.1 剪力墙施工图

剪力墙结构是利用建筑物墙体作为建筑物的竖向承载体系,并用其抵抗水平力的一种结构体系。其优点是侧向刚度大、整体性好、用钢量较省,缺点是自重大。剪力墙墙肢间距一般为 3～5 m,平面布置的灵活性受到限制。剪力墙具有良好的抗侧性、整体性和抗震性能,可以用来建造较高的建筑物。

4.1.1 设置 TSSD 操作界面

前期需要对 PKPM 计算过程中的图纸进行修正、更改,以便于在 TSSD 软件中对图纸进行整理,进而绘制出所需的施工图,具体操作步骤如下。

打开 TSSD 软件,从软件内选取需要的结构布置图。这里以五层平面图为例进行讲解,如图 4.1.1 所示。

图 4.1.1　打开结构布置图

本章主要讲解主楼地上部分的施工图绘制。从平面结构布置图中可看出,该层平面为中轴对称结构,因此,只需要在右半部分的图纸上进行施工图的绘制,所以应该先在 TSSD 中对图形进行简化,得到需要的图形,具体步骤如下。

首先,应该将不需要的部分删除,此步骤用一般删除方法即可,不做解释。对于很多细小构件,如果采用删除命令逐个删除,比较费时费力,于绘制施工图而言是一种不明智的做法。这时,就可以采用

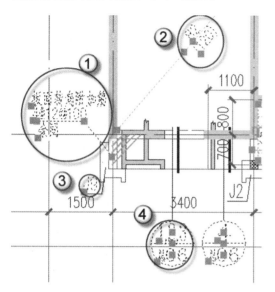

图 4.1.2 层工具栏

TSSD 中的"层"命令,如图 4.1.2 所示。

如图 4.1.3 所示,选中需要删除的对象,每一个图层中选中一个即可,然后单击层工具栏左侧的"层"命令,TSSD 绘图界面中即可得到对应图层的图形内容,如图 4.1.4 所示。

图 4.1.3 选中不需要的图形

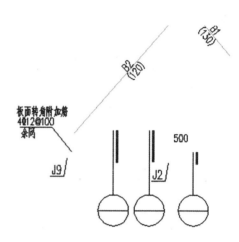

图 4.1.4 对应图层图形内容

输入 AutoCAD 快捷命令"E",使用框选操作,将上一步骤得到的内容全部选中,如图 4.1.5 所示,被选中的图形以虚线的样式呈现。

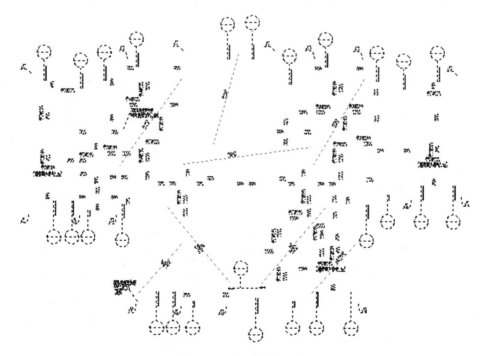

图 4.1.5 框选所需图案

单击键盘的"Enter"按钮,删除被选中的图案。此时层编辑命令显示结束,须退出该命令,才能继续制图:单击层工具栏的"层"命令按钮,然后在图纸空白部位单击鼠标右键,即可退出层编辑命令,恢复所有的图层的图案。再对照图纸,检查未删除的遗漏构件,重复上述操作步骤,依次将各个需要删除的部分逐渐删除,直至最后得到基本参考制图图形,如图 4.1.6 所示。

完成以上步骤之后,就可以进行接下来的绘图工作,即本章讲述的内容:主楼地上部分绘制施工图。这里将用到 TSSD 中"参照编辑"的命令,此命令可以大大减少制图工作量,加快制图速度,提高制图效率。其具体操作如下。

(1) 用快捷命令"REC"绘制任意一个矩形,然后在命令输入行键入创建块的快捷命令"BL",会弹出"块定义"对话框,如图 4.1.7 所示。按图示顺序,先编辑名称,然后单击"拾取点"按钮,会回到作图区,单击鼠标左键选取必要的点或任意一点作为基点即可加到"块定义"对话框,单击"选择对象"按钮可回到作图区,选取绘制出的任意矩形,回到"块定义"对话框,最后单击"确定"按钮,即可创建出图块。

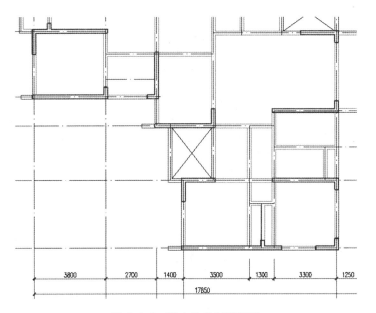

图 4.1.6　基本参考制图图形

图 4.1.7　图块的创建

(2) 双击已经建立好的图块,即可弹出"参照编辑"对话框,选中参照的图块后,单击"确定"按钮,可进入对图块的编辑命令,如图 4.1.8 所示。

(3) 完成步骤(2),进入参照编辑命令后会弹出"参照编辑"工具栏,且图面将变暗,如图 4.1.9 所示。这时,就可以在图块命令下进行图形的绘制。图形绘制完毕后,可单击"参照编辑"工具栏上的"将修改保存到参照"按钮来保存并退出参照编辑命令,或者在绘图区单击右键,将光标移动到下拉菜单的"关闭 REFEDIT",会出现两个选项,选择"保存参照编辑"命令的同时退出参照编辑命令。

注意:创建图块是为了在绘制完成后通过移动图块及以后以创建图形的方式将其后绘制的图形一并移动,可以节省时间和工作量,这一命令是 TSSD 软件的精华部分,同学们在学习过程中应该重点掌握。

图 4.1.8　图块的参照编辑

图 4.1.9　"参照编辑"工具栏

4.1.2　设置剪力墙

在设置剪力墙时,应根据 PKPM 中的计算结果来布置,注意剪力墙的走向、墙宽、上下层的关系等。

图 4.1.10　画直线墙

（1）单击 TSSD 右侧工具栏"墙体绘制"→"画直线墙"命令,在弹出的对话框中选择"砼墙",并填写墙的尺寸,如图 4.1.10 所示。

（2）布置墙体结构,单击第一个节点,移动光标至第二个节点,单击鼠标左键,再将光标移至第三个节点,单击鼠标左键,单击键盘"Enter"按钮,确定命令完成。这样,一段剪力墙布置完成,如图 4.1.11 所示。

（3）对于并不是完全连续的墙,如图 4.1.12 所示,先绘制连续部分的墙,采用与步骤（2）一样的操作方法进行布置,如图 4.1.13 所示。

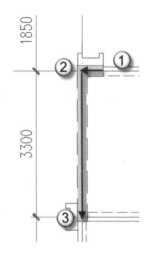

图 4.1.11　绘制一段墙体结构（图中虚线部分为绘制的墙线）

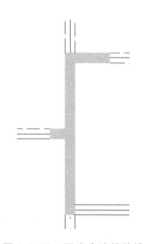

图 4.1.12　不完全连续的墙

（4）绘制连续部分的墙后,再绘制剩余部分墙,光标选中左侧节点,单击鼠标左键,移动光标至右侧节点处,单击鼠标左键,单击键盘的"Enter"按钮,确定完成命令,剩余部分墙绘制完成,如图 4.1.14 所示。

（5）绘制墙线时,注意节点的选取,边缘部位选取边缘节点,中间部位选取轴线交点,如图 4.1.15所示。

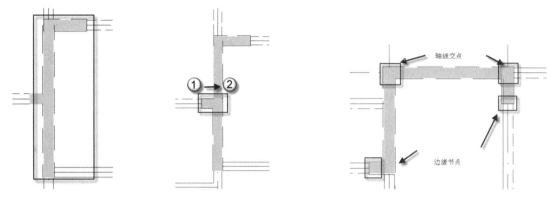

图 4.1.13　布置连续部分墙　图 4.1.14　绘制剩余部分墙　　　图 4.1.15　节点的选取

（6）按照步骤，根据 PKPM 生成的数据完成整一层的剪力墙布置，对需要改正的地方进行更改，完善绘图。此时可得到图 4.1.16。

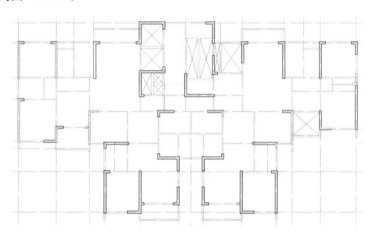

图 4.1.16　剪力墙布置图

（7）布置梁结构，单击 TSSD 右侧工具栏"梁绘制"→"画直线梁"命令。

（8）在弹出的"双线绘制"对话框中进行梁的设置，宽度按照建筑要求以及 PKPM 计算结果进行设置，在 TSSD 中一般选择主梁、连续和虚线设置，如图 4.1.17 所示。

（9）梁的布置与剪力墙布置相同，根据不同的梁进行不同的参数设置，此步骤非常关键，注意不要弄错梁的宽度，如图 4.1.18 所示。

图 4.1.17　双线绘制设置

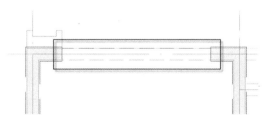

图 4.1.18　布置一段梁

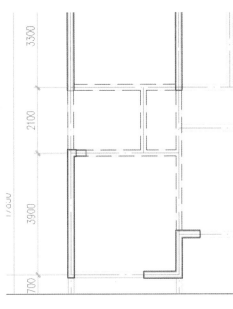

图 4.1.19 画直线梁

（10）逐步完成各段梁的绘制，如图 4.1.19 所示。

（11）梁绘制完成之后，单击"参照编辑"对话框中的"将修改保存到参照"命令按钮，保存编辑，如图4.1.20 所示。

（12）步骤（11）完成之后，变暗的图纸恢复到正常色调，此时在"参照编辑"命令下的工作已经完成，可以通过命令块对在块命令下完成的绘图工作进行命令。例如：移动块是指在移动块命令下绘制的图形，如图 4.1.21 所示。

（13）单击选取轴线、轴号、标注，然后单击右侧工具栏"层"命令，将对应的轴线、标注单独列出来，如图 4.1.22 所示。

（14）将轴线图复制到一侧，单击"层"命令，在图纸空白处单击鼠标右键，即可恢复原图，此时将单独提出的轴线图使用移动命令（快捷键"M"）移动到与剪力墙以及梁结构相对应的位置，如图4.1.23 所示。

（15）进行梁的修改，将可看到的轮廓线改为实线，即将梁边缘线以及降板处内部梁线更改为实线。双击所要更改的梁线，在弹出的对话框中的"线型"菜单中选择直线。

图 4.1.20 将修改保存到参照

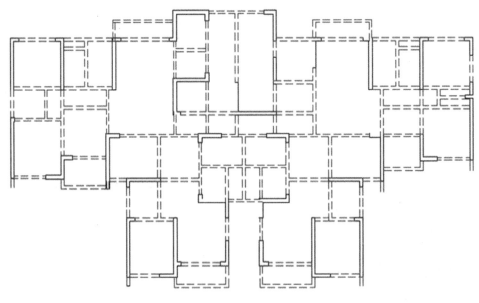

图 4.1.21 移动块

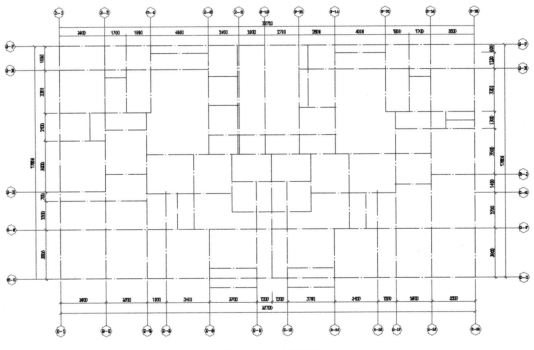

图 4.1.22　轴线图

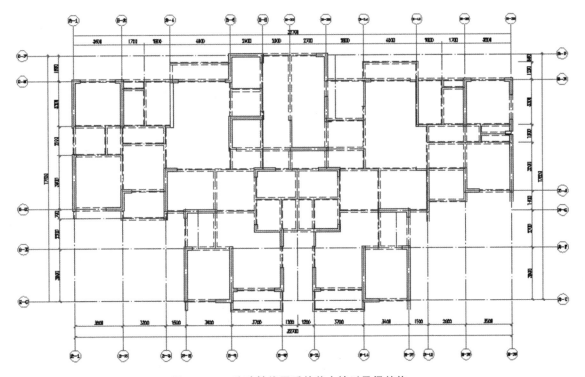

图 4.1.23　移动轴线图后的剪力墙以及梁结构

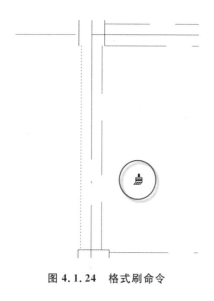

图 4.1.24 格式刷命令

（16）使用"格式刷"（快捷键"MA"）命令用鼠标左键单击想要更改成的线型所属的任意线条,此时光标会变为一个方框并带有刷子的形状,单击（也可框选）其他要更改的梁线,梁线就会变为想要更改成的线型。"格式刷"命令方便、快捷、可重复使用,如图 4.1.24 所示。

以上步骤完成之后,前期准备工作便完成了,接下来,将要根据 PKPM 中 SATWE 计算结果来绘制剪力墙的钢筋图,此时需要对照 PKPM 的结果图形来绘制配筋图。

4.1.3 参照 SATWE 数据进行配筋

PKPM 运算完成之后,可以得到"含钢量",也就是单位面积中钢筋截面积,据此可以查表得到钢筋的根数与型号,然后绘制配筋图。

（1）获取 SATWE 计算数据。

打开 PKPM 软件,选择"结构"→"SATWE 核心的集成设计"→"SATWE 结果查看",然后用鼠标左键双击"主楼地上模型"图标,如图 4.1.25 所示。

图 4.1.25 界面选择

在弹出的"结果"菜单中单击"设计结果"→"配筋"按钮,可以看到混凝土构件配筋及钢构件验算简图,因以第五层为例,故须将层数调整到第五层。单击右上角"上层"命令,层数会调整为上一层,依次单击,调整到第五层,或者直接在右上角选择"第 5 自然层"。

对得到的混凝土构件配筋及钢构件验算简图进行分析,剪力墙上部的"0"代表"按暗柱构造配筋",剪力墙下部的"H1.0"指 Swh 范围内的水平分布钢筋面积,如图 4.1.26 所示。

剪力墙的构造边缘构件截面信息如图 4.1.27 所示。

构造配筋应按照图 4.1.27(a)中的样式进行配筋,对此图放大进行分析,如图 4.1.28 所示。

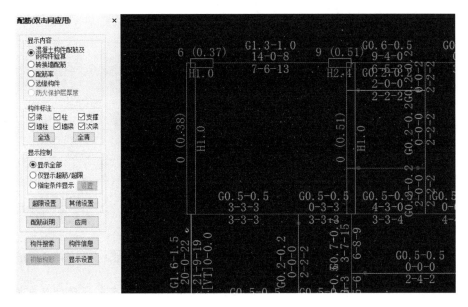

图 4.1.26　混凝土构件配筋及钢构件验算简图

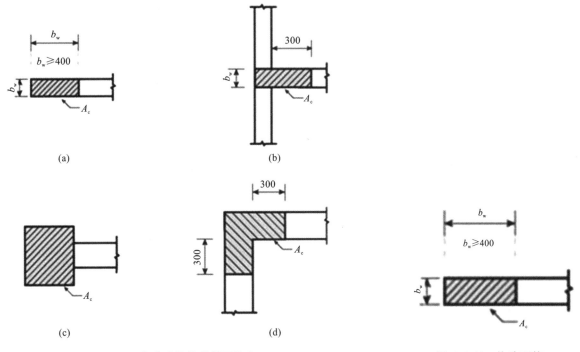

图 4.1.27　构造边缘构件截面信息　　　　**图 4.1.28　构造配筋**

（2）利用"约束柱"菜单生成暗柱。

单击 TSSD 桌面图标,在菜单中选择"剪力墙 06"命令,将菜单更改为剪力墙格式,单击"约束暗柱"→"自动生成"命令,弹出"自动处理"对话框,如图 4.1.29 所示。

在对话框中选择"编号方法"为"03G101"(现在已有 16G101 版本),单击"确定"按钮,等待软件处理,可以得到布置好暗柱的图,如图 4.1.30 所示。

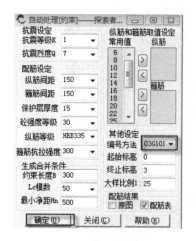

图 4.1.29 "自动处理"对话框

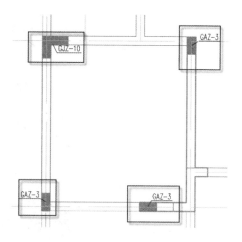

图 4.1.30 暗柱布置

注意:此过程为 TSSD 自动生成步骤。由于一般软件自动生成的内容与实际情况有较大出入,所以需要进行仔细的检验校核。

如何进行检验校核呢? 下面以图 4.1.30 为例进行说明,左侧下方暗柱长度 $l=400$ mm,即对应 l_c $=400$ mm,满足"对暗柱不应小于墙厚和 400 mm"的要求。

此工程为三级抗震,故选择在三级抗震下查看 μ_N。μ_N 为墙肢在重力荷载代表值作用下的轴压比,轴压比可以在 PKPM 软件中查询。打开 PKPM 软件,选择"结构"→"SATWE 核心的集成设计"→"SATWE 结果查看",鼠标左键双击"主楼地上模型"图标,如图 4.1.25 所示。

在弹出的"结果"菜单中有"分析结果"和"设计结果"子菜单,这两个子菜单中包含了"弹性挠度""轴压比""边缘构件"等按钮(详见本书第 3 章),单击这些按钮后,都可以在右上角通过"上层""下层"按钮选择第 5 层,或者直接选择"第 5 自然层"。其中轴压比简图如图 4.1.31 所示。

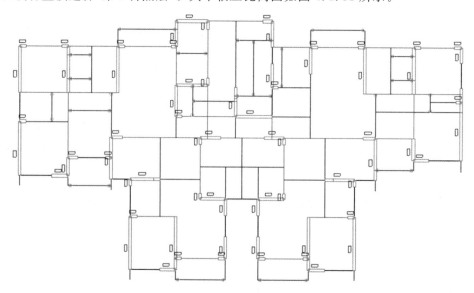

图 4.1.31 轴压比简图

移动光标至需要查看的剪力墙部位,滚动鼠标滚轮放大局部以查看剪力墙轴压比,如图 4.1.32 所示。

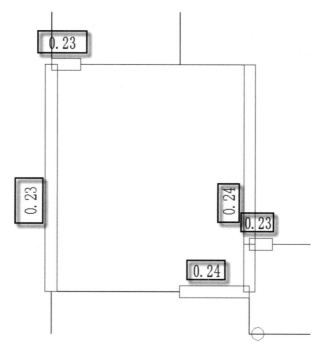

图 4.1.32　剪力墙轴压比

由图 4.1.32 可知,剪力墙轴压比为 0.24,参考《高规》表 7.2.15,则 $l_c=0.15h_w=0.15\times4000$ mm $=600$ mm,$l_c/2=300$ mm,为阴影区长度,但是因为暗柱不应小于墙厚和 400 mm 的较大值,所以应该取阴影区长度为 400 mm,可知自动生成的暗柱符合条件。

(3) 验算转角柱。

如图 4.1.33 所示,为左剪力墙和上剪力墙计算参数。

按照计算方法,在剪力墙 1 上部和下部应各布置一根暗柱,在剪力墙 2 的左部和右部应各布置一根暗柱。由于计算参数相同,所以暗柱尺寸相同,为 $l_c=0.15h_w=0.15\times4000$ mm $=600$ mm,$l_c/2=300$ mm,阴影区长度取值应为 400 mm,由于剪力墙 2 墙肢长为 500 mm,大于 400 mm,所以整段墙肢应设置为阴影区。

同理,剪力墙 1 上部设置长 400 mm 的阴影区,与剪力墙 2 连接起来,便形成了转角柱,如图4.1.34所示。

(4) 翼缘墙配筋。

打开翼缘墙参数配置图,翼缘墙参数如图 4.1.35 所示。图中 H1.0 为箍筋计算参数,双侧为1.0 cm²,单侧为1.0 cm²/2$=0.5$ cm²,查附表 3 可得,$\phi8$ 为 0.5 cm²,$\phi10$ 为 0.79 cm²,故可以选用 $\phi10$ 进行配筋。

剪力墙约束边缘构件阴影部分的竖向钢筋除应满足正截面受压(受拉)承载力计算要求外,其配筋率一、二、三级时分别不应小于 1.2%、1.0%、1.0%,并分别不应小于 $8\phi16$、$6\phi16$、$6\phi14$ 的钢筋(ϕ 表示钢筋直径)。

　　根据以上要求,进行配筋计算,图 4.1.35 中的墙设置暗柱,要求尺寸相加大于墙的长度,故此处墙为翼缘墙。翼缘墙如图 4.1.36 所示。

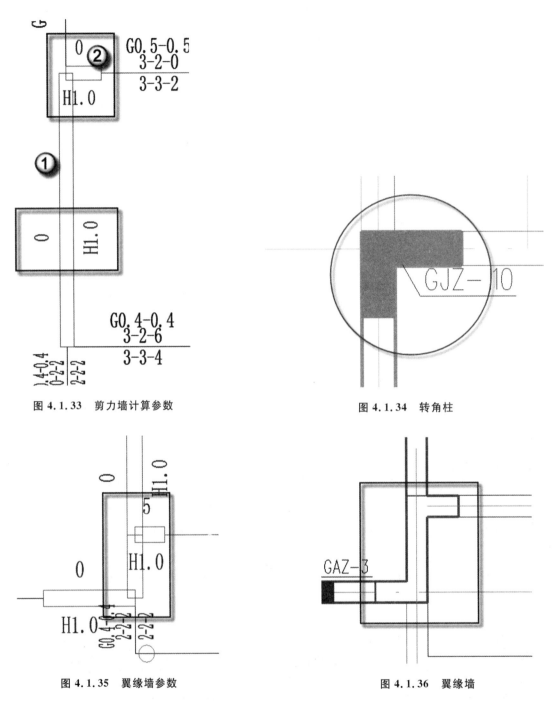

图 4.1.33　剪力墙计算参数

图 4.1.34　转角柱

图 4.1.35　翼缘墙参数

图 4.1.36　翼缘墙

　　计算翼缘墙面积,$A=(500\times200+600\times200+500\times200)$ mm^2 = 320000 mm^2,配筋面积约占翼缘墙面积的 1%,经过计算,应采用 16ϕ14 配置。

　　单击菜单栏"工具"→"钢筋"→"箍筋"命令,绘图界面上弹出一个"箍筋参数"对话框,如图 4.1.37

所示。在"箍筋参数"对话框中,可以对箍筋进行如下参数设置:内偏、加钩、上下两排钢筋的数目以及是否布置腰筋。

设置完成后单击"确定"按钮,对剪力墙进行布置,单击剪力墙左上方节点,移动光标至右下方节点,单击鼠标左键,按下"Enter"键,确定命令,如图 4.1.38 所示。

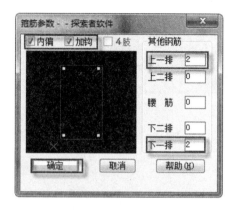

图 4.1.37 "箍筋参数"对话框

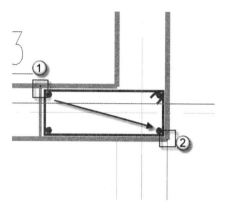

图 4.1.38 绘制一段箍筋

重复此命令,将剩余两段剪力墙的箍筋布置完成,如图 4.1.39 所示。

计算结果为 16φ14,此时已有 12 根钢筋,剩余 4 根钢筋应该按照钢筋间距设置原则进行配置,使用 AutoCAD 快捷命令"CO",选中 4 根钢筋,复制至剪力墙指定位置,如图 4.1.40 所示。

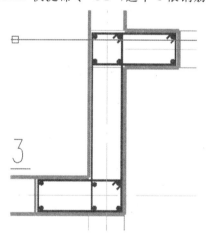

图 4.1.39 布置箍筋

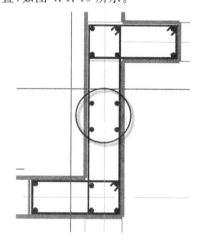

图 4.1.40 复制钢筋

单击菜单栏"工具"→"钢筋"→"箍筋"命令,将上下排钢筋数目更改为 0,按照上一步骤的方法,绘制钢筋箍筋,如图 4.1.41 所示。

绘制完成后,需要添加剪力墙配筋说明,使用 AutoCAD 快捷命令"DT",在空白部分拖动文本框,输入剪力墙代号、钢筋型号以及箍筋配筋,如图 4.1.42 所示。

(5)转角墙布筋。

打开转角墙对应计算参数,如图 4.1.43 所示。

打开对应的剪力墙布置图,找到对应位置,如图 4.1.44 所示。

计算配筋,H1.0,采用 φ10@150 箍筋。

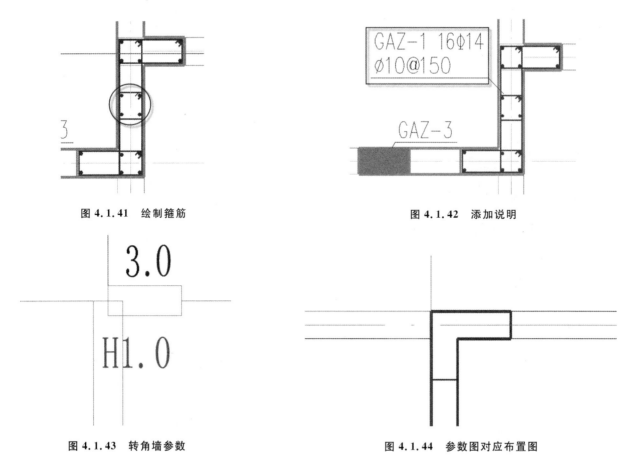

图 4.1.41　绘制箍筋

图 4.1.42　添加说明

图 4.1.43　转角墙参数

图 4.1.44　参数图对应布置图

剪力墙约束边缘构件阴影部分的竖向钢筋除应满足正截面受压(受拉)承载力计算要求外,其配筋率一、二、三级时分别不应小于 1.2%、1.0%、1.0%,并分别不应小于 $8\phi16$、$6\phi16$、$6\phi14$ 的钢筋(ϕ 表示钢筋直径)。

计算转角墙面积:$A = (500\times200 + 400\times200)\ \text{mm}^2 = 180000\ \text{mm}^2$,配筋面积约占转角墙面积的 1%,故配筋面积约为 1800 mm^2,经计算,选用 $12\,\Phi\,12$ 钢筋。

单击菜单栏"工具"→"钢筋"→"箍筋"命令,在绘图界面上弹出一个"箍筋参数"对话框,将上一排钢筋更改为 4 根,下一排钢筋同样更改为 4 根,如图 4.1.45 所示。

依照先前步骤,对角绘制剪力墙配筋,如图 4.1.46 所示。

绘制另一个方向上的剪力墙配筋,如图 4.1.47 所示。

调整钢筋位置,将多余的钢筋删除,尤其是拐角处,并复制钢筋点到应布置的位置,如图 4.1.48 所示。

单击菜单栏"工具"→"钢筋"→"拉筋"命令,单击首尾两节点,绘制拉筋,并调整位置,如图 4.1.49 所示。

绘制完成后,需要添加剪力墙配筋说明,使用 AutoCAD 快捷命令"DT",在空白部分拖动文本框,输入剪力墙代号、钢筋型号以及箍筋配筋,如图 4.1.50 所示。

按照以上步骤,完成整个楼层的剪力墙布置,完成后得到完整的剪力墙布置图,如图 4.1.51 所示。

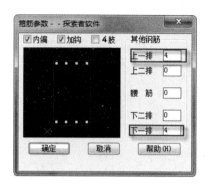

图 4.1.45　更改钢筋数目

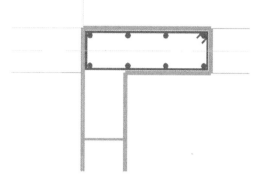

图 4.1.46　绘制配筋图

图 4.1.47　绘制另一个方向上的剪力墙配筋

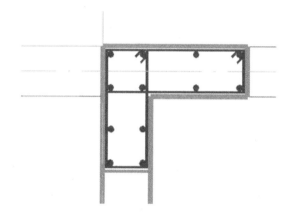

图 4.1.48　调整布置钢筋

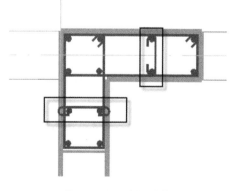

图 4.1.49　布置拉筋

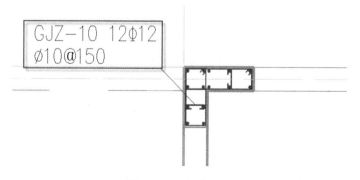

图 4.1.50　添加说明

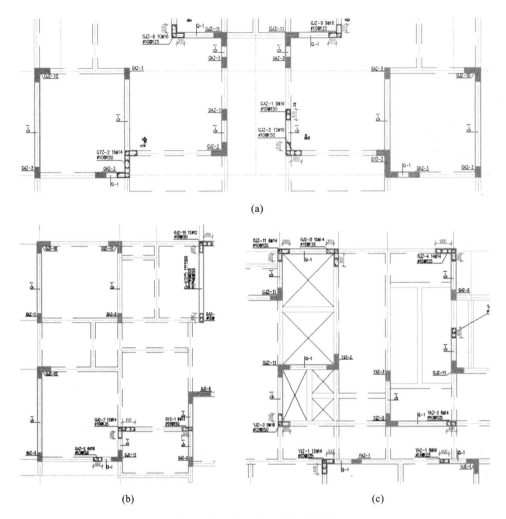

图 4.1.51 剪力墙布置图(局部)

(a)跨度较大板面剪力墙布置;(b)小跨度板面剪力墙布置;(c)纵向交通区剪力墙布置

4.1.4 剪力墙墙肢边缘构件配筋

1. 剪力墙墙肢边缘构件的设计要求

剪力墙墙肢边缘构件分为约束边缘构件和构造边缘构件两种。对于一级、二级、三级抗震设计的剪力墙底部加强部位及其上一层的剪力墙墙肢,底层墙肢截面轴压比大于《高规》第 7.2.14 条所规定的限值时应设置约束边缘构件。其他部位应设置构造边缘构件。

剪力墙约束边缘构件的设计要求应符合下列要求。

◇ 约束边缘构件沿墙肢的长度 l_c 及其配箍特征值 λ_v 应该符合表 4.1.1 的要求,且一级和二、三级抗震设计时,箍筋间距分别不应大于 100 mm 和 150 mm。

表 4.1.1　约束边缘构件沿墙肢的长度 l_c 及其配箍特征值 λ_v

项　目	一级（9度）		一级（6、7、8度）		二、三级	
	$\mu_N \leqslant 0.2$	$\mu_N > 0.2$	$\mu_N \leqslant 0.3$	$\mu_N > 0.3$	$\mu_N \leqslant 0.4$	$\mu_N > 0.4$
l_c（暗柱）	$0.20h_w$	$0.25h_w$	$0.15h_w$	$0.20h_w$	$0.15h_w$	$0.20h_w$
l_c（翼墙或端柱）	$0.15h_w$	$0.20h_w$	$0.10h_w$	$0.15h_w$	$0.10h_w$	$0.15h_w$
λ_v	0.12	0.20	0.12	0.20	0.12	0.20

注：(1) μ_N 为墙肢在重力荷载代表值作用下的轴压比，h_w 为墙肢的长度；

　　(2) 剪力墙的翼墙长度小于翼墙厚度的 3 倍或端柱截面边长小于 2 倍墙厚时，按无翼墙、无端柱查表；

　　(3) l_c 为约束边缘构件沿墙肢的长度，对暗柱不应小于墙厚和 400 mm 的较大值；有翼墙或端柱时，不应小于翼墙厚度或端柱沿墙肢方向截面高度加 300 mm。

◇ 剪力墙约束边缘构件纵向钢筋的配筋范围不应小于图 4.1.52 中的阴影面积。剪力墙约束边缘构件阴影部分的竖向钢筋除应满足正截面受压（受拉）承载力计算要求外，其配筋率一、二、三级时分别不应小于 1.2%、1.0%、1.0%，并分别不应小于 8φ16、6φ16、6φ14 的钢筋（φ 表示钢筋直径）。

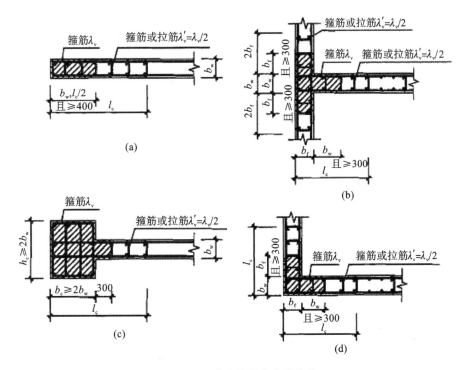

图 4.1.52　剪力墙约束边缘构件
(a)暗柱；(b)有翼墙；(c)有端柱；(d)转角墙（L 形墙）

剪力墙构造边缘构件的设计应符合下列要求。

◇ 构造边缘构件的范围和计算纵向钢筋用量的截面面积 A_c 宜取图 4.1.53 的阴影部分。

◇ 构造边缘的纵向钢筋应满足受弯承载力要求。

◇ 抗震设计时，构造边缘构件的最小配筋率应符合表 4.1.2 的要求，箍筋的水平间距不应大于

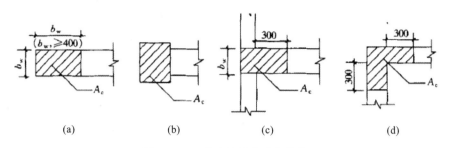

图 4.1.53 剪力墙构造边缘构件

(a)构造边缘暗柱 GAZ;(b)构造边缘端柱 GDZ;(c)构造边缘翼墙(柱)GYZ;(d)构造边缘转角墙(柱)GJZ

300 mm,拉筋的水平间距不应大于纵向钢筋间距的 2 倍。当剪力墙端部为端柱时,端柱中纵向钢筋及箍筋宜按框架柱的构造要求设置。

表 4.1.2 剪力墙构造边缘构件的配筋要求

抗震等级	底部加强部位			其他部位		
	竖向钢筋最小量(取较大值)	箍筋		竖向钢筋最小量(取较大值)	拉筋	
		最小直径/mm	沿竖向最大间距/mm		最小直径/mm	沿竖向最大间距/mm
一	$0.010A_c,6\phi16$	8	100	$0.008A_c,6\phi14$	8	150
二	$0.008A_c,6\phi14$	8	150	$0.006A_c,6\phi12$	8	200
三	$0.006A_c,6\phi12$	6	150	$0.005A_c,4\phi12$	6	200
四	$0.005A_c,4\phi12$	6	200	$0.004A_c,4\phi12$	6	250

注:(1) A_c 为构造边缘构件的截面面积;

(2) 其他部位的拉筋,水平间距不应大于纵筋间距的 2 倍;转角处宜采用箍筋;

(3) 当端柱承受集中荷载时,其纵向钢筋、箍筋直径和间距应满足柱的相应要求。

2. 查阅约束边缘构件配筋信息

抗震设计时,剪力墙底部加强部位的范围,应符合下列规定。

◇ 底部加强部位的高度,应从地下室顶板算起。

◇ 底部加强部位的高度取底部两层高度和墙体总高度的 1/10 这两者中的较大值。

◇ 当结构计算嵌固端位于地下一层地板或以下时,底部加强部位宜延伸到计算嵌固端。

在一栋建筑中,构造边缘构件主要集中于地面结构上部,比重很大,故本章前面一部分内容以第五层为例,先介绍了构造边缘构件的绘图方法,下面介绍约束边缘构件的绘图方法。

(1) 打开 TSSD 软件,在软件的下拉菜单中打开简化过的一层平面图,如图 4.1.54 所示。

(2) 利用"约束柱"菜单生成暗柱。单击"Tssd",在拉出的菜单中选择"剪力墙06",将菜单更改为剪力墙格式,单击"约束暗柱"→"自动生成"命令,弹出"自动处理"对话框,如图 4.1.55 所示。在对话框中选择"编号方法"为"16G101",单击"确定"按钮,等待软件处理,可以得到布置好暗柱的图,如图 4.1.56 所示。

(3) 打开 PKPM 软件,在弹出的"结果"菜单中有"分析结果"和"设计结果"子菜单,这两个子菜单中包含了"弹性挠度""轴压比""边缘构件"等按钮(详见本书第 3 章),如图 4.1.57 所示,单击这些按钮后,都可以在右上角通过"上层""下层"按钮选择第五层,或者直接选择"第 5 自然层"。

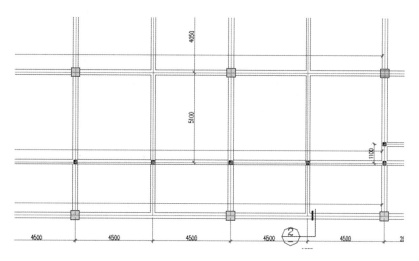

图 4.1.54 一层平面图

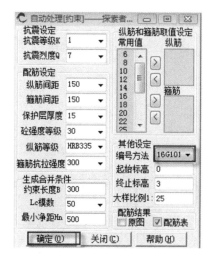

图 4.1.55 "自动处理"对话框

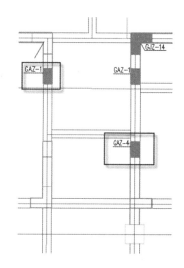

图 4.1.56 生成暗柱

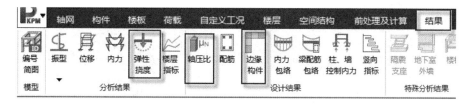

图 4.1.57 "弹性挠度""轴压比""边缘构件"等按钮

(4) 进入混凝土构件配筋及钢构件验算简图,将层数调整到第一层。对得到的混凝土构件配筋及钢构件验算简图进行分析,剪力墙上部的"0"代表"按暗柱构造配筋",剪力墙下部的"H1.5"指 Swh 范围内的水平分布钢筋面积,如图 4.1.58 所示。

图 4.1.58 中的数据中剪力墙部分与前面介绍的相同,应用图 4.1.58 中柱的 SATWE 数据进行配筋。

(5) 配筋数据详图。观察柱配筋数据详图,如图 4.1.59 所示。

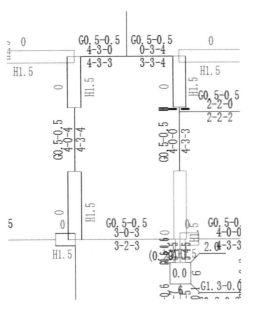

图 4.1.58 SATWE 结果分析

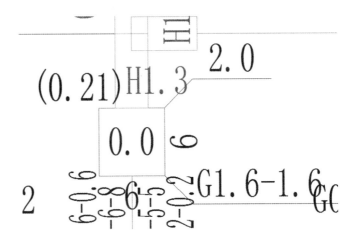

图 4.1.59 柱配筋数据详图

其中括号内的数字表示柱的轴压比,如图 4.1.60 所示。

柱两边的数据(在 PKPM 软件中显示为黄色)分别代表该柱截面宽度和截面高度方向计算出的单边配筋截面积(以 cm^2 为单位),但是包括了角筋配筋截面积,因此在配筋时注意不要将角筋配筋截面积重复计算,以免造成浪费,如图 4.1.61 所示。

图 4.1.60 柱的轴压比表示

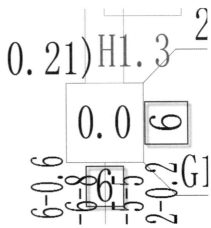

图 4.1.61 柱的单边配筋

柱子右边下部引出的数据(在 PKPM 软件中显示为黄色)代表箍筋加密区和非加密区的钢筋截面积,如图 4.1.62 所示。

图中"G1.6-1.6"表示箍筋加密区角筋配筋截面积为 1.6 cm^2,非加密区角筋配筋截面积为 1.6 cm^2。

柱子右边上边引出的数据(在 PKPM 中显示为黄色)代表柱的一根角筋配筋截面积,采用双偏压计算时,角筋配筋截面积不应小于此值;采用单偏压计算时,角筋配筋截面积可不受此值限制。如图 4.1.63所示,图中"2.0"代表角筋配筋截面积为 2.0 cm^2。

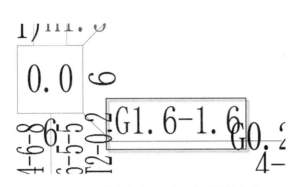

图 4.1.62　箍筋加密区、非加密区计算参数

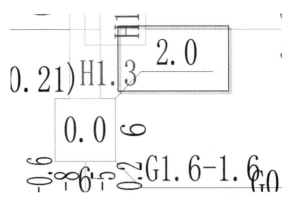

图 4.1.63　角筋配筋截面积计算参数

柱配筋说明：

◇ 柱全截面的配筋面积为 $A_s = 2 \times (A_{sx} + A_{sy}) - 4 \times A_{sc}$；

◇ 柱的箍筋是按用户输入的箍筋间距计算的，并按加密区内最小体积配箍率要求控制；

◇ 柱的体积配箍率是按双肢箍形式计算的，当柱采用构造配筋时，按构造要求的体积配箍率计算的箍筋也是按双肢箍形式给出的。

注意： 公式中 A_{sc} 代表柱的一根角筋的面积，A_{sx}、A_{sy} 分别代表该柱宽度方向和高度方向的单边配筋。

A_{sc} 为 2.0 cm²，查附表 3 可知，角筋可配 φ16 的钢筋，$A_{sx} - 2 \times A_{sc}$ 是 X 边分布纵筋，$A_{sy} - 2 \times A_{sc}$ 是 Y 边分布纵筋，计算并查附表 3，纵筋可每边配两根 φ12 钢筋，并根据《混凝土结构施工图平面整体表示方法制图规则和构造详图（现浇混凝土框架、剪力墙、梁、板）》(16G101-1)（以下简称 16G101-1）查阅箍筋类型。

此外，柱的钢筋设置还应该符合下列要求。

◇ 柱纵向受力钢筋的最小总配筋率应按表 4.1.3 选用，同时每一侧配筋率不应小于 0.2%；对建造于 Ⅳ 类场地且较高的高层建筑，总配筋率应增加 0.1%。

表 4.1.3　柱截面纵向钢筋的最小总配筋率　　　　　　　　　　　　　　　　　单位：%

类　别	抗 震 等 级			
	一	二	三	四
中柱、边柱	0.9(1.0)	0.7(0.8)	0.6(0.7)	0.5(0.6)
角柱、框支柱	1.1	0.9	0.8	0.7

◇ 一般情况下，箍筋的最大间距和最小直径应按表 4.1.4 选用。

表 4.1.4　柱箍筋加密区的箍筋最大间距和最小直径　　　　　　　　　　　　　单位：mm

抗 震 等 级	箍筋最大间距（采用最小值）	箍筋最小直径
一	$6d$,100	10
二	$8d$,100	8
三	$8d$,150（柱根 100）	8
四	$8d$,150（柱根 100）	6（柱根 8）

◇ 一级框架柱的箍筋直径大于 12 mm 且箍筋肢距不大于150 mm,二级框架柱的箍筋直径不小于 10 mm 且箍筋肢距不大于 200 mm 时,除底层柱下端外,最大间距应允许采用150 mm;三级框架柱的截面尺寸不大于 400 mm 时,箍筋最小直径应允许采用 6 mm;四级框架柱剪跨比不大于 2 时,箍筋直径不应小于 8 mm。

◇ 框支柱和剪跨比不大于 2 的框架柱,箍筋间距应不大于 100 mm。

3. 对约束边缘构件进行配筋

得到配筋参数后,便可以使用 TSSD 进行钢筋布置。

(1)单击菜单栏"工具"→"钢筋"→"箍筋"命令,在弹出的对话框中将上、下排钢筋数目更改为 4,如图 4.1.64 所示。

(2)单击第一个节点,移动光标至第二个节点,单击鼠标左键,绘制箍筋及部分纵筋,如图 4.1.65 所示。

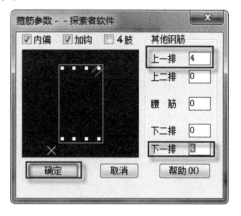

图 4.1.64 "箍筋参数"对话框

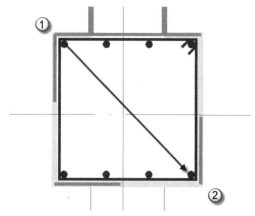

图 4.1.65 绘制箍筋及部分纵筋

(3)在命令提示行输入"copy"(复制)命令,复制纵向点钢筋至柱左,如图 4.1.66 所示。

(4)重复上述命令,绘制完成柱左钢筋,如图 4.1.67 所示,也可以直接复制柱左钢筋至柱右。

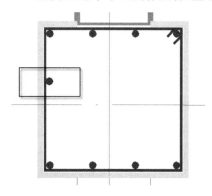

图 4.1.66 复制点钢筋至柱左

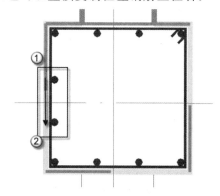

图 4.1.67 绘制完成柱左钢筋

(5)单击菜单栏"工具"→"钢筋"→"拉筋"命令,单击第一个节点,拖动绘制拉筋,如图 4.1.68 所示。

(6)重复上一步命令,参照图集 16G101-1 中有关箍筋类型选用的原则,完成柱剩余拉筋的绘制。绘制完成后如图 4.1.69 所示。

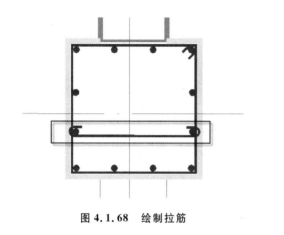

图 4.1.68　绘制拉筋

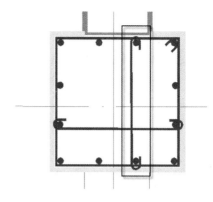

图 4.1.69　绘制剩余拉筋

（7）绘制完成后，需要添加柱配筋说明，使用 AutoCAD 快捷命令"DT"，在空白部分拖动文本框，输入剪力墙代号、钢筋型号以及箍筋配筋，如图 4.1.70 所示。

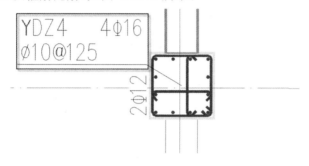

图 4.1.70　添加柱配筋说明

按照本节中的方法对剩余剪力墙暗柱、端柱、翼缘柱、转角柱结构进行布置，布置完成后如图4.1.71所示。

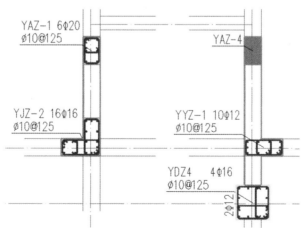

图 4.1.71　剪力墙暗柱、端柱、翼缘柱、转角柱结构布置完成

至此，剪力墙施工图完成，接下来进行梁施工图布置。

注意：钢筋直径符号应根据钢筋种类不同进行选用，HPB300 钢筋直径为 φ，可在 TSSD 中输入"％％130"得到该符号，HRB335 钢筋直径为 Φ，可在 TSSD 中输入"％％131"得到该符号，HRB400 钢筋直径为Φ,可在 TSSD 中输入"％％132"得到该符号。

4.2 梁施工图

梁平法施工图中的梁施工图是在梁平面布置图上采用平面注写方式或者截面注写方式表达的。

◇ 平面注写方式。

平面注写方式包括集中标注与原位标注。集中标注表达梁的通用数值,原位标注表达梁的特殊数值。当集中标注的某项数值不适用于梁的某部位时,则将该数值原位标注。施工时,原位标注数值优先。

◇ 截面注写方式。

截面注写方式是指在分标准层绘制的梁平面布置图上,分别在不同编号的梁中选择一根梁用剖面符号引出配筋图,并在其上注写截面尺寸和配筋具体数值,以此来表达梁平法施工图。

4.2.1 认识梁平法施工图的一般表示

首先认识一下梁平法施工图中平面注写方式的各部分名称。

(1) 打开 PKPM 软件,如图 4.2.1 所示,选择"结构"→"SATWE 核心的集成设计"→"砼结构施工图",双击"主楼模型",进入混凝土结构施工图操作界面。

图 4.2.1 进入混凝土结构施工图操作界面的方法

(2) 绘制某一层梁平法施工图时,先要调出该层数据,现以第 5 自然层梁平法施工图为例,单击右上角层数选择菜单,选择"第 5 自然层",PKPM 主界面的绘图区上即出现第 5 自然层的梁平面图。

(3) 由于 PKPM 软件的种种问题,计算出的钢筋用量不能完全满足实际要求,同时,根据 PKPM 软件计算结果而自行配筋得到的平法标注也不能解决实际出现的问题,因此需要根据 SATWE 计算结果参照 PKPM 自动生成的梁平法施工图进行独立配筋(连续梁的跨数等的取值可以参考)。这里以平面图进行梁平法施工图的平面注写讲解,如图 4.2.2 所示为两个注写示例。

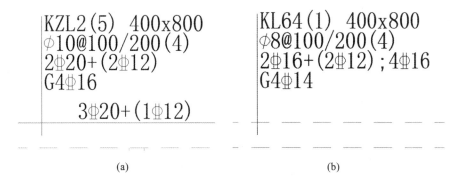

图 4.2.2　梁平法施工图平面注写

图 4.2.2(a)中"KZL2(5)400×800"中"KZL2"指编号为 2 的框架梁;其后"(5)"是指梁是 5 跨,其截面尺寸为宽 400 mm、高 800 mm。若为"(5A)",则指代 5 跨连续梁一侧带悬挑,"A"指一侧带悬挑。

图 4.2.2 中,"400×800"是指梁的宽度乘以高度,单位是 mm;"φ8@100/200(4)"是指箍筋为 HPB300 的钢筋,直径为 8 mm,加密区间距为 100 mm,非加密区间距为 200 mm,其中"(4)"是指箍筋肢数为 4。

"2φ20"是指梁上部受力通长钢筋有 2 根直径为 20 mm 的 HRB400 钢筋。

"G4φ16"是指梁的两侧每侧各有 2 根直径为 16 mm 的 HRB400 构造钢筋。

有的梁平法标注最下部有"(−0.100)",是指该梁顶标高比所在楼层板顶标高低 100 mm。

4.2.2　提取 PKPM 中梁配筋的信息

(1) PKPM 运算完成之后,可以得到"含钢量",也就是单位面积中钢筋截面积,据此可以查表得到钢筋的根数与型号,然后绘制配筋图。

(2) 参考第 4.1.3 节内容,如图 4.1.25 所示,在"SATWE 结果查看"中,可以查看"弹性挠度""轴压比""边缘构件"等参数。

(3) 依旧以第五层为例,单击右上角调整显示层命令,调节平面层至"第 5 自然层"。取梁部分参数,如图 4.2.3 所示。

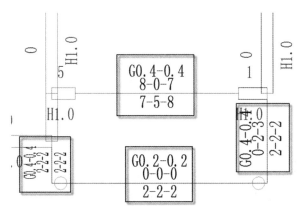

图 4.2.3　梁计算参数

（4）由于绘制梁平法施工图时不需要剪力墙参数，剪力墙参数在图中干扰视线，故可以将其隐去。以上参数对话框均在界面左侧，这些对话框类似，在下方有一个"显示设置"按钮，单击该按钮会弹出"显示设置"对话框，包含"构件设置""文字设置""颜色设置""其他设置"等页面，可在这些页面中更改构件显示设置、字符的高度、线型、颜色等，如图 4.2.4 所示。

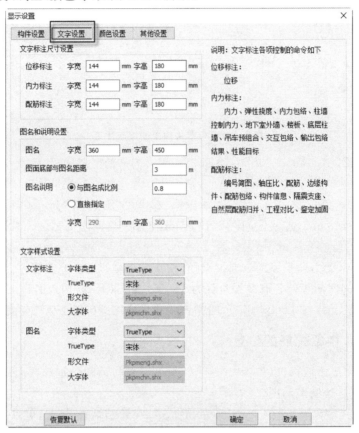

图 4.2.4　"显示设置"对话框

进行显示设置后混凝土构件配筋图会变得清晰、有条理，便于观察以及绘图参考，取同一位置的计算参数图如图 4.2.5 所示。

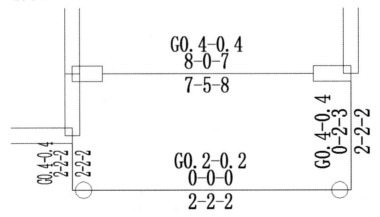

图 4.2.5　进行显示设置后的梁计算参数

4.2.3　了解各项参数的含义

先了解各项参数的含义,梁配筋计算参数如图 4.2.6 所示。

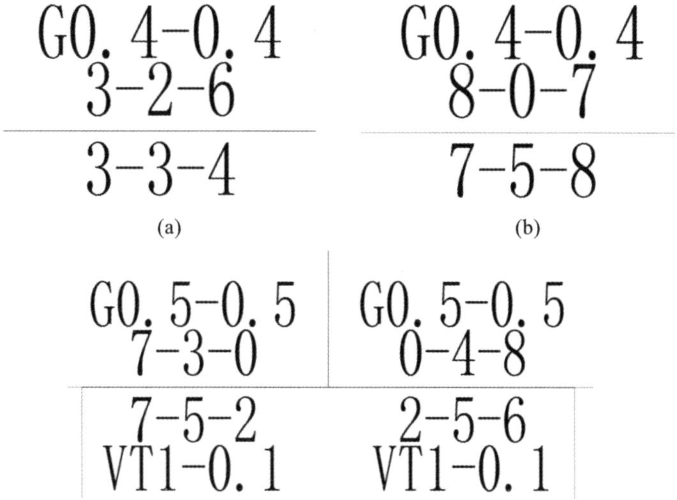

$$\frac{\overset{\text{G0.4-0.4}}{3-2-6}}{3-3-4}$$

(a)

$$\frac{\overset{\text{G0.4-0.4}}{8-0-7}}{7-5-8}$$

(b)

$$\frac{\overset{\text{G0.5-0.5}}{7-3-0}}{\underset{\text{VT1-0.1}}{7-5-2}}$$
$$\frac{\overset{\text{G0.5-0.5}}{0-4-8}}{\underset{\text{VT1-0.1}}{2-5-6}}$$

(c)

图 4.2.6　梁配筋计算参数

参数的含义如下。

(1) 图 4.2.6(a)中横线上部的数字"3""2""6"分别为计算所得的梁上部(负弯矩)左支座、跨中、右支座的钢筋截面积(cm^2);(b)、(c)与(a)相同。

(2) 图 4.2.6(a)中横线下部的数字"3""3""4",(b)中的"7""5""8"表示梁下部(负弯矩)左支座、跨中、右支座的配筋面积(cm^2);(c)与(a)、(b)相同。

(3) 图 4.2.6(a)、(b)中的"G0.4-0.4"表示梁在 Sb 范围内的箍筋面积(cm^2),取抗剪箍筋与剪扭箍筋的较大值。

(4) 图 4.2.6(c)中的"VT1-0.1"中,"VT"为剪扭配筋标志;"1"表示梁受扭所需要的纵筋面积(cm^2);"0.1"表示梁受扭所需要周边箍筋的单根钢筋的面积(cm^2)。

(5) "G"为箍筋配筋标志。

4.2.4　梁配筋的计算

梁配筋计算说明:

◇ 对于配筋率大于 1‰的截面,程序自动按双排筋计算,此时,保护层厚取 60 mm;

◇ 当按双排筋计算超限时,程序自动考虑压筋作用,按双筋方式配筋;

◇ 各截面的箍筋都是按用户输入的箍筋间距计算的,并按沿梁全长箍筋的面积配箍率要求控制。

若输入的箍筋间距为加密区间距,则加密区的箍筋计算结果可直接参考使用,如果非加密区与加密区的箍筋间距不同,则应按非加密区箍筋间距对计算结果进行换算。

若输入的箍筋间距为非加密区间距,则非加密区的箍筋计算结果可直接参考使用,如果加密区与非加密区的箍筋间距不同,则应按加密区箍筋间距对计算结果进行换算。

进行梁配筋计算的过程如下。

（1）配置箍筋。

以图 4.2.6(a) 为例，G0.4-0.4，梁宽 200 mm，高度 500 mm，混凝土等级为 C35，查阅"框架梁沿梁全长的箍筋配筋系数表"（见附表 2）知，应采用的箍筋为 $\phi 8@100/200$，双肢箍。加密区、非加密区按照标准配置。

（2）配置纵筋。

根据数据 3-2-6，查阅附表 3 进行配置。

（3）上部钢筋。

3：为梁上部左支座的配筋面积，根据附表 3 中的钢筋面积进行查询可知，应选取 2 根 $\phi 14$ 或 2 根 $\phi 16$ 钢筋（在配置中可以稍微配置大一点）。

2：为梁跨中弯矩配筋面积，根据附表 3 中的钢筋面积进行查询可知，应选取 2 根 $\phi 12$ 或 2 根 $\phi 14$ 钢筋。

6：为梁上部右支座的配筋面积，根据附表 3 中的钢筋面积进行查询可知，应选取 3 根 $\phi 16$ 钢筋。

此梁为单跨梁，根据左右支座钢筋、跨中钢筋综合考虑，可以选用 3 根 $\phi 16$ 钢筋，这样左支座、跨中、右支座可以同时满足。

（4）下部钢筋。

3：为梁下部左支座的配筋面积，根据附表 3 中的钢筋面积进行查询可知，应选取 2 根 $\phi 14$ 或 2 根 $\phi 16$ 钢筋。

3：为梁跨中弯矩配筋面积，根据附表 3 中的钢筋面积进行查询可知，应选取 2 根 $\phi 14$ 或 2 根 $\phi 16$ 钢筋。

4：为梁下部右支座的配筋面积，根据附表 3 中的钢筋面积进行查询可知，应选取 2 根 $\phi 16$ 或 2 根 $\phi 18$ 钢筋（在配置中可以稍微配置大一点）。

单跨梁下部钢筋，根据左右支座钢筋、跨中钢筋综合考虑，可以选用 2 根 $\phi 16$ 钢筋，左右支座、跨中同时满足。

梁配筋计算完成后，便可利用计算好的数据绘制梁平法施工图。

4.2.5 进行梁平法施工图的绘制

结构设计的最终阶段，即绘制结构施工图。本小节主要介绍如何参照 PKPM 中的运算结果绘制结构专业施工图。具体操作如下。

（1）PKPM 的 T 图转 DWG 图。

前面介绍过，PKPM 软件可自动根据计算结果绘制梁平法施工图，虽然软件计算结果无误，但是梁的重要性判断结果、连梁跨数等与实际有一定出入，因此要根据计算参数进行独立配置。

打开 PKPM 软件，选择"结构"→"SATWE 核心的集成设计"→"砼结构施工图"，最后双击"主楼模型"，进入混凝土结构施工图操作界面，如图 4.2.7 所示。

绘制某一层梁平法施工图时，先要调出该层数据，现以五层梁平法施工图为例，单击右上角层数选择菜单，在下拉菜单中选择"第 5 自然层"，绘图区即出现第 5 自然层的梁平面图。此时绘图区内显示的梁平面图格式为 T 图，单击左上角蓝色的"PKPM"图标，在下拉菜单中可使用"保存"或者"另存为"命令，将该 T 图保存在计算机中，并应记得该 T 图的名称和位置。

保存完毕后，退回 PKPM 主界面，打开"TCAD、拼图和工具"的下拉菜单，双击"图形编辑与打印 TCAD"即可进入"二维图形编辑、打印及转换"操作界面，如图 4.2.8 所示。

图 4.2.7　进入混凝土结构施工图操作界面的方法

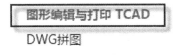

图 4.2.8　打开"二维图形编辑、打印及转换"操作界面的方法

单击"工具"下拉菜单中的"T 图转 DWG"命令,如图 4.2.9 所示,在弹出的对话框中选择所要转换的图纸,单击"打开"命令,开始图纸转换,如图 4.2.10 所示。

一般来说,转换步骤很短,而且,绘图区域没有变化,转换完毕时在命令栏会有提示,如图 4.2.11 所示。

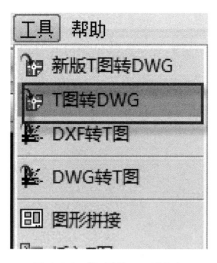

图 4.2.9 "T 图转 DWG"命令

图 4.2.10 打开所要转换的图纸

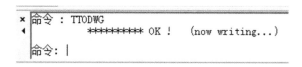

图 4.2.11 转换完毕

转换完毕后,退出"二维图形编辑、打印及转换"操作界面。

(2) 在 TSSD 中打开转换好的 DWG 文件。

打开 TSSD 软件,打开转换完毕的五层梁配筋图,如图 4.2.12 所示。

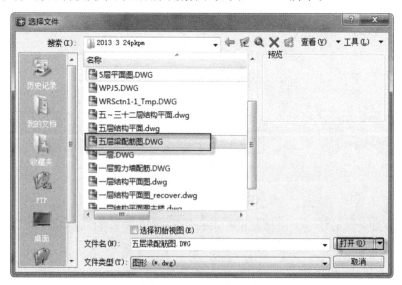

图 4.2.12 打开转换好的图形文件

再在 TSSD 软件中打开此前绘制好的五层平面布置图,如果会应用到剪力墙,则可以参照第 4.1 节剪力墙布置内容,重新绘制五层平面布置图,如图 4.2.13 所示。

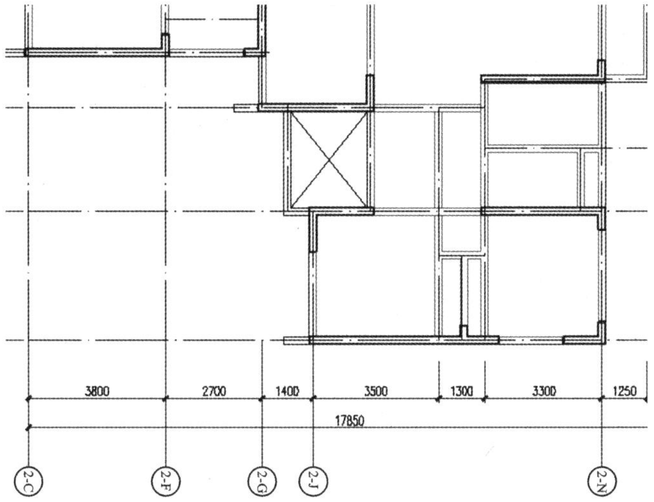

(a)

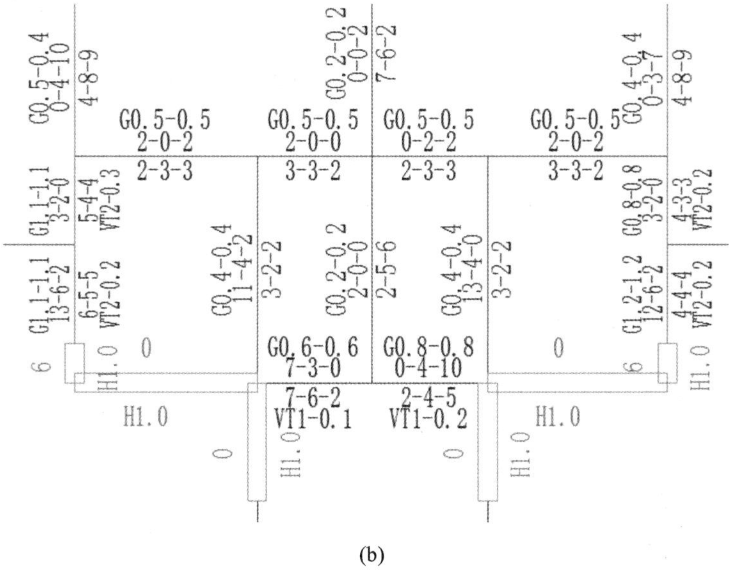

(b)

图 4.2.13　打开五层平面布置图和梁配筋图

(a)五层平面布置图;(b)五层梁配筋图

　　两幅图的切换:使用键盘组合键"Ctrl"+"Tab",切换到梁配筋图。

　　使用鼠标选择一组梁集中标注,使用快捷键"Ctrl"+"C",复制选择内容,如图 4.2.14 所示。

　　使用键盘组合键"Ctrl"+"Tab",切换 TSSD 界面至五层平面布置图界面,使用快捷键"Ctrl"+"V",粘贴内容至空白位置。

　　(3) 调整梁集中标注。

　　使用 AutoCAD 快捷命令"M",移动先前复制的梁集中标注的内容至相应梁的位置,如图 4.2.15 所示。

图 4.2.14 选择一组梁集中标注

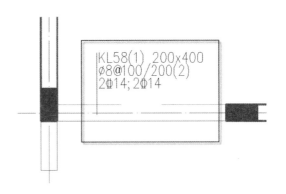

图 4.2.15 移动梁集中标注内容至相应梁的位置

(4) 将图形放大 1000 倍。

输入 AutoCAD 快捷命令"SC",选中所需放大的内容,单击一基点,输入比例因子,便可以得到放大的内容,如图 4.2.16 所示。

放大图形前后对比如图 4.2.17 所示。

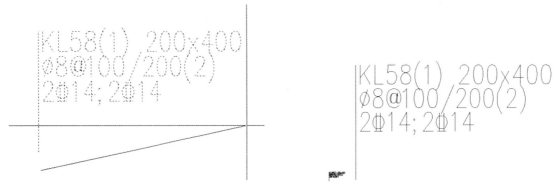

图 4.2.16 放大图形

图 4.2.17 放大图形前后对比

注意:TSSD 软件中由 T 图转的 DWG 图的比例与自己绘制的图形不一样,缩小了 1000 倍,故在移动前应先将复制内容放大 1000 倍。

(5) 更改文字内容。

双击需要更改的集中标注第一行的内容,会弹出一个"编辑文字"对话框,可以在其中对文字进行更改,如图 4.2.18 所示。

前面已经完成了此段梁的钢筋配置,此梁为框架梁,将其设定为框架梁 1,即 KL1,梁的截面尺寸为 200 mm×500 mm,故"编辑文字"中输入的内容应为"KL1(1)200×500",输入文字,单击确定,文字更改完成,如图 4.2.19 所示。

第二行为箍筋配筋,此段梁计算的箍筋为 $\phi 8@100/200$,双肢箍,与此复制内容相同,无须更改,如若更改,方法与上一步骤相同。

第三行文字为梁上部钢筋和下部钢筋的内容,经计算,此段梁上部采用 3 根直径为 16 mm 的钢筋,下部采用 2 根直径为 16 mm 的钢筋。双击第三行文字,在弹出的"编辑文字"对话框中更改内容,如图 4.2.20 所示。

完成上述步骤后,第一段梁布置完成。

图 4.2.18 "编辑文字"对话框

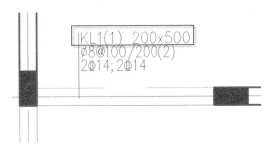

图 4.2.19 更改第一行文字内容

（6）受扭钢筋的配置。

如图 4.2.21 所示，图中"VT"代表剪扭钢筋，"1"表示梁受扭所需要的纵筋截面积（cm²）；"0.1"表示梁受扭所需要的周边箍筋的单根钢筋的截面积（cm²）。

图 4.2.20 更改第三行文字内容

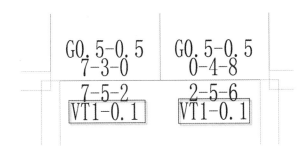

图 4.2.21 受扭钢筋表示

复制第一段梁的集中标注至图 4.2.21 对应处，如图 4.2.22 所示。

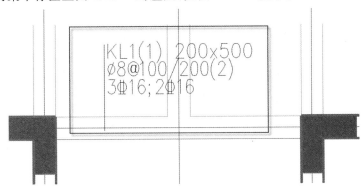

图 4.2.22 复制第一段梁的集中标注

双击第一行文字，进行更改，此梁为框架梁，从第一段框架梁算起，此梁为框架梁 8，梁尺寸仍为 200 mm×500 mm，不进行更改。其文字应该改为"KL8(1)200×500"。

箍筋、梁纵筋分别依照附表 2 和附表 3 进行配置，分别更改其数据，得到与梁集中标注相对应的数据。

复制一行文字至最后一行文字下侧，如图 4.2.23 所示。

复制的文字为扭筋配筋数据，依照当前计算，更改配筋数据，完成配筋设置，如图 4.2.24 所示。

（7）竖直方向上的集中标注。

竖直方向上的集中标注与水平方向上的完全相同。在竖直方向上绘制时，可以从先前转好的 DWG

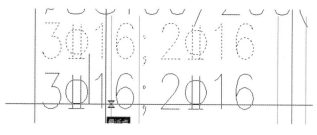

图 4.2.23　复制文字

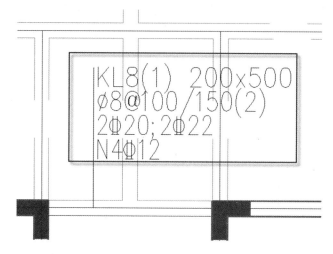

图 4.2.24　配筋完成

图中直接复制，然后放大，进行应用。也可以通过旋转命令，旋转水平方向上的集中标注，进行应用。

输入 AutoCAD 快捷命令"RO"，光标框选需要旋转的内容，如图 4.2.25 所示。

单击"Enter"键，选择基点，输入旋转角度 90°，完成旋转，如图 4.2.26 所示。

依次按照上述方法，对各个梁进行集中标注，完成后可以得到如图 4.2.27 所示的梁集中标注图。

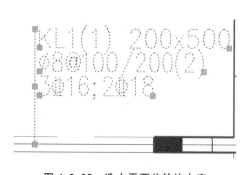

图 4.2.25　选中需要旋转的内容

图 4.2.26　旋转完成

（8）相同梁的标注。

框架梁结构梁平法布置完成，在布置过程中，会发现很多梁的数据完全相同，如图 4.2.28 所示。

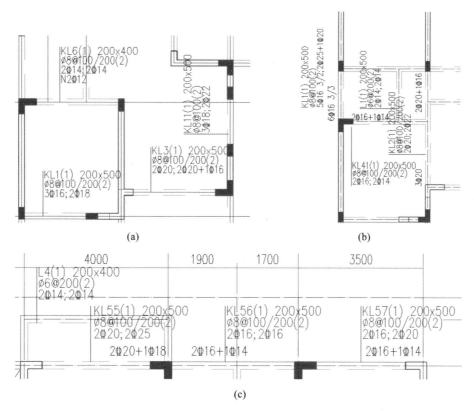

图 4.2.27 梁集中标注图(局部)

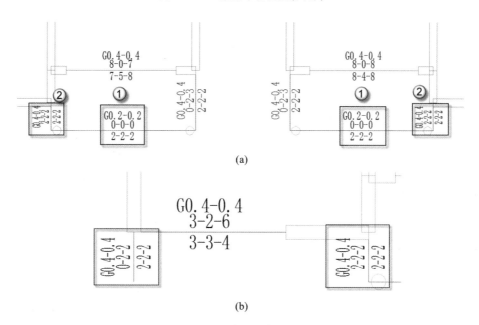

图 4.2.28 部分梁数据相同

这种情况一般出现在梁和挑梁之中,进行梁施工图配置时可以对其进行编号,同类梁只布置一个,其余部分使用相同代号表示相同布置,如图 4.2.29 所示。

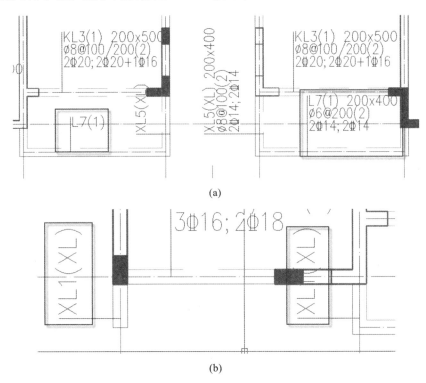

(a)

(b)

图 4.2.29 同类梁布置

4.3 板施工图(结构平面图)

结构平面图是假想沿着楼板面将房屋水平剖开后所作的楼层的水平投影图,是表示建筑各构件平面布置的图样,可分为基础平面图、楼层结构平面图、屋面结构平面图。接下来将用 TSSD 进行结构平面图的布置。

4.3.1 板配筋设计使用技巧

首先是配筋问题。建议尽量使用住房和城乡建设部推荐的钢筋,钢筋间距尽量选用 200 mm(一般跨度小于 6.6 m 的板的裂缝均可满足要求)。板上、下钢筋间距宜相等,直径可不同,但钢筋直径类型也不宜过多。

其次是计算问题。跨度在 8 m 以下的板均可采用非预应力板。一般可按塑性计算,尤其是基础底板和人防结构,但结构自防水、不允许出现裂缝和对防水要求严格的建筑,如坡屋顶、平屋顶、厨卫、配电间等应按弹性计算。配筋计算时可考虑塑性内力重分布,将板上钢筋乘以 0.8～0.9 的折减系数,将板下钢筋乘以 1.1～1.2 的放大系数。也可采用 PMCAD 软件自动生成,但对 PMCAD 软件生成的板配筋图应注意以下几点。

◇ 单向板是按塑性计算的,而双向板按弹性计算,宜改成一种计算方法。

◇ 当厚板与薄板相接时,薄板支座按固定端考虑是合适的,但厚板支座就不合适,宜减小厚板支座配筋,增大跨中配筋。

　　◇ 非矩形板宜减小支座配筋,增大跨中配筋。

　　◇ 房间边数过多或凹形板应采用有限元程序验算其配筋。

　　关于板的细部构造问题,需要说明以下几点。

　　◇ 跨度小于 2 m 的板的上部钢筋不必断开。

　　◇ 顶层及考虑抗裂时板上部钢筋可不断开或 50% 连通,可附加钢筋。

　　◇ 现浇挑板阳角加辐射状附加筋(包括内墙上的阳角),现浇挑板阴角的板下应加斜筋。

　　◇ L 形、T 形或十字形建筑平面的阴角处板应加厚并双层双向配筋。

　　◇ 支承在砖混结构外墙上的板的负筋不宜过大,否则会对砖墙产生过大的附加弯矩。一般板厚大于 150 mm 时采用 ϕ10@200,否则用 ϕ8@200。

　　◇ 室内轻隔墙下一般不应加粗钢筋,一是因为轻隔墙有可能移位,二是因为板整体受力,应整体提高板的配筋。只有垂直于单向板长边的不可能移位的隔墙,如厕所与其他房间的隔墙下才可以加粗钢筋。

　　◇ 坡屋顶板为偏拉构件,应双层双向配筋。挑板配筋应有余地,并应采用大直径钢筋,防止踩弯,挑板内跨板跨度较小,跨中可能出现负弯矩,应将挑板支座的负筋伸过全跨。

　　◇ 板上开洞(厨、卫、电气及设备)的附加筋不必一定锚入板支座,从洞边锚入 l_a 即可。对于板上开洞的附加筋,如果洞口处板仅有正弯矩,可只在板下加筋;否则应在板上、下均加筋。

　　◇ 留筋后浇的板宜用虚线表示其范围,并注明用提高一级的膨胀混凝土浇筑。未浇筑前应采取有效支承措施。

　　◇ 住宅跃层楼梯在楼板上所开大洞,周边不宜加梁,应采用有限元程序计算板的内力和配筋。板适当加厚,洞边加暗梁。

　　楼梯梯段板计算方法:当休息平台板厚为 80～100 mm、梯段板厚为 100～130 mm、梯段板跨度小于 4 m 时,应采用 1/10 的计算系数,并上下配筋;当休息平台板厚为 80～100 mm、梯段板厚为 160～200 mm、梯段板跨度约 6 m 时,应采用 1/8 的计算系数,板上配筋可取跨中的 1/4～1/3,并不得过大。这两种计算方法都偏于保守。任何时候休息平台与梯段板平行方向的上筋均应拉通,并应与梯段板的配筋相应。当板式楼梯跨度大于 5 m 时,挠度不容易满足,应注明加大反拱。

4.3.2　正式绘图前的准备工作

　　经过前面几个小节的学习,我们已经比较熟悉"砼结构施工图"界面了。板配筋结果与梁、墙、柱等的配筋结果都可在"砼结构施工图"界面上操作。

　　(1) 打开 PKPM 软件,进入"砼结构施工图"界面,在主菜单上可以看到"梁""柱""墙""板"等按钮,单击"板"按钮,切换至"板"子菜单,如图 4.3.1 所示。

图 4.3.1　"板"子菜单

（2）首先在"板"子菜单计算板的配筋面积,然后据此查表选择钢筋规格,最后使用 TSSD 绘制钢筋图。具体操作如下。①使用操作界面右上角工具栏将楼层调至第五层。②在"板"子菜单中对参数进行设置,基本满足构造要求即可。③单击"板计算"→"计算"按钮,可得到该层板钢筋面积图,如图4.3.2所示。

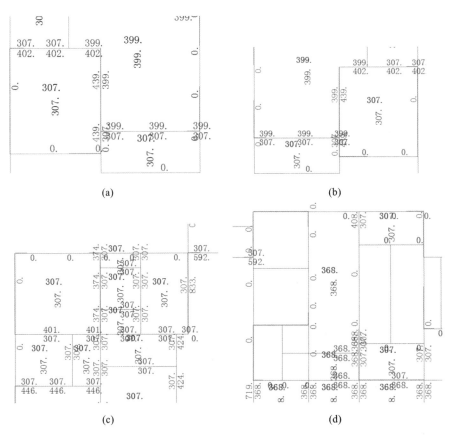

图 4.3.2　板钢筋面积图(局部)

（3）在 PKPM 中的准备工作已经完成,接下来打开 TSSD,打开相应提取的第5自然层的建筑平面图,得到需要的轴线图,并对剪力墙、梁进行布置,此部分内容前面均有介绍,在此不再赘述。最终,得到如图 4.3.3 所示的结构平面图。

同时,也可用"板"子菜单下的"钢筋布置"命令,由 PKPM 自动绘制板钢筋图。但是建筑物楼面布置复杂,需要进行详细的参数设置以减少自动布筋的错误。建议仅把 PKPM 自动绘制的钢筋图用作参考。

参照 PKPM 计算的钢筋面积等,依次进行负筋、正筋、构造钢筋的布置。

注意:布置负筋与布置正筋原理相同,可以采用同时布置的方式,布置构造钢筋与前两者稍微有些区别。对于 TSSD 初学者来说,不建议同时进行前两步,以免产生混乱,导致绘图错误,影响绘图进度。

4.3.3　布置负筋

位于楼板顶部的钢筋承受负弯矩作用,所以叫作"负筋"(也叫"面筋"),本小节介绍负筋的绘制方法。具体操作如下。

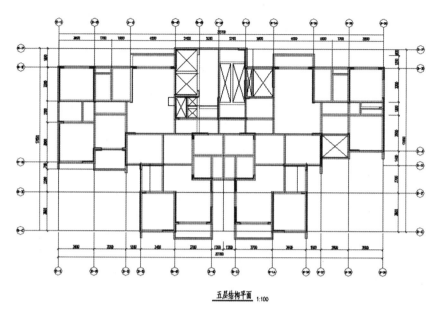

五层结构平面 1:100

图 4.3.3　结构平面图

（1）单击 TSSD 绘图区右侧工具栏"钢筋绘制"→"任意负筋"命令，进行负筋绘制。

（2）完成步骤（1）后，弹出一个"负筋设置"对话框，如图 4.3.4 所示，在此对负筋进行设置。依次按照要求选择所需要的钢筋等级、直径、间距以及是否需要文字、标注和编号，完成这些设置，即可在结构平面图中绘制负筋。

图 4.3.4　负筋设置

（3）由 PKPM 生成的板钢筋面积图可知，绝大部分板的参数为"307　307"，小部分板的参数为"368　368"以及"399　399"，如图 4.3.5 所示。

（4）根据附表 1 每米板宽内各种钢筋间距的钢筋截面面积，对板配筋进行计算，参数"307　307"可以选用Φ8@160 钢筋。

（5）在"参数设置"对话框中选择对应的钢筋参数，如等级、直径、间距等，单击结构平面图中对应板的位置，拖动绘制负筋，如图 4.3.6 所示。

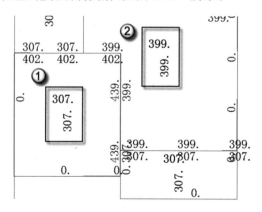

图 4.3.5　板参数图

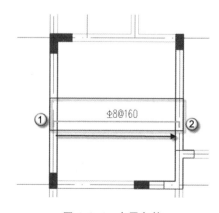

图 4.3.6　布置负筋

（6）按照以上步骤依次绘制本层其他板所需配置的负筋,原理相同,步骤相同。

绘制结构平面图时,双向板应该按照以上步骤绘制;如果遇到单向板,则应采用双层双向布置,具体步骤相同,如图 4.3.7 所示。

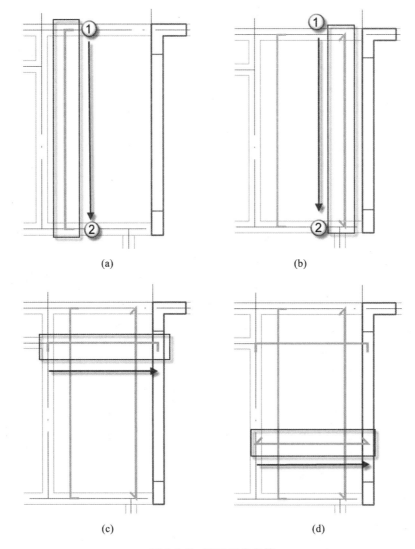

(a)   (b)

(c)   (d)

图 4.3.7　双层双向布筋

双层双向板是指现浇混凝土结构中,钢筋分布为双层双向的楼板。顶层的为面筋,底层的为底筋。底筋、面筋又可同时沿水平方向纵横交错分布,这种分布称为双层双向分布。也可能同时存在负筋(受力筋)及分布筋,它们也可双层双向分布。

注意:

（1）布筋时,钢筋应该伸入墙体内部,不可以悬浮在墙体外侧,也不可以穿越墙体,否则与实际施工建筑不相符;

（2）布筋时应注意文字和标注,各个文字之间不要相互掩盖、阻挡,不要交叉,以免影响正常阅读;

（3）由于板的参数大都相同,故可以选择某一种钢筋,省略其文字,并在整张图纸后说明未注明钢

筋为何种钢筋;

(4) 注意绘图的连贯性,不要有遗漏;

(5) 注意绘图的美观性。

负筋布置完成之后,注意整理图纸,然后参照板钢筋面积图进行正筋的计算及绘制。

4.3.4　布置正筋

位于楼板底部的钢筋承受正弯矩作用,所以叫作"正筋"(也叫"底筋"),本小节介绍正筋的绘制方法,具体操作如下。

(1) 单击 TSSD 绘图区右侧工具栏"钢筋绘制"→"任意正筋"命令,进行正筋绘制。

(2) 完成步骤(1)后,弹出一个"正筋设置"对话框,如图 4.3.8 所示,在此对正筋进行设置,根据板钢筋面积图,依次按照要求选择所需要的钢筋等级、直径、间距。

(3) 按照要求绘制正筋图,如图 4.3.9 所示。

图 4.3.8　正筋设置

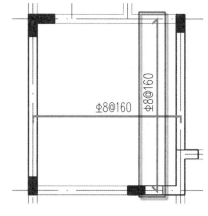

图 4.3.9　布置正筋

(4) 按照以上步骤依次绘制本层其他板所需配置的正筋。

注意:双层双向板应单独布筋。因板的参数大都相同,故可以选择某一种钢筋,省略其文字,并在整张图纸后说明未注明钢筋为何种钢筋。为使图面整洁,建议省略文字内容。

负筋、正筋布置完成后,简单处理,节约空间,为布置构造筋做准备,以利于构造筋的绘制,节省绘图工作量。

在钢筋混凝土结构中,按照构造需要设置的钢筋与受力钢筋相比,不承受主要的作用力,只起维护、拉结、分布作用。

构造筋的类型有分布筋、构造腰筋、架立钢筋、与主梁垂直的钢筋、与承重墙垂直的钢筋、板角的附加钢筋。

板的构造筋又可以称为板支座原位标注的钢筋。板支座原位标注的钢筋为板支座上部非贯穿纵筋和悬挑板上部受力钢筋。

板支座原位标注的钢筋应在相同跨的第一跨表达(当在梁悬挑部位单独配置时则在原位表达)。在配置相同跨的第一跨(或梁悬挑部位)时,可垂直于板支座(梁或墙)绘制一段适宜长度的中粗实线(当该筋通长设置在悬挑板或短跨板上部时,实线段应画至对边或贯通短跨),以该线段代表支座上部非贯通纵筋,并在线段上方注写钢筋编号、配筋值、横向连续布置的跨数(注写在括号内,当为一跨时可不注)以及是否横向布置到梁的悬挑端。

4.3.5 构造筋布置

楼板的钢筋除了正筋与负筋,还有一定的构造筋。这种类型的钢筋不是为了受力,而是为了满足结构细部构造的要求。构造筋布置具体操作如下。

(1)打开 PKPM 生成的板钢筋面积图,根据图中参数进行计算,此处以图 4.3.10 为例进行讲解。钢筋间距不应大于 200 mm,直径不应小于 8 mm,其伸出墙边的长度不应小于 $L/7$(L 为单向板的跨度或双向板短边跨度),通常取 $L/5$,且取 50 的整数倍。图 4.3.10 圆圈中的参数表示梁左右两侧的配筋分别为 439 mm^2 和 399 mm^2,可以按照同一钢筋布置,取两者中的较大者,故取参数 439 mm^2。对应结构平面图,短跨的长度为 3400 mm,计算得其伸出墙边的长度应为 700 mm。

(2)单击 TSSD 软件绘图区右侧工具栏"钢筋绘制"→"任意负筋"命令,进行负筋绘制。

(3)在"负筋设置"对话框中选择对应的钢筋参数,如等级、直径、间距等,单击结构平面图中对应板的位置,拖动绘制负筋,如图 4.3.11 所示。

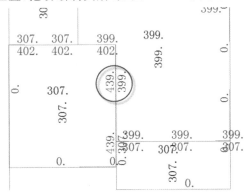

图 4.3.10 构造筋参数图

图 4.3.11 "负筋设置"对话框

注意:构造筋布置,必须有标注。

(4)鼠标左键单击所要布置构造筋的区域,拖动光标,并输入构造筋长度,完成构造筋布置,如图 4.3.12 所示。

(5)移动文字至右侧,如图 4.3.13 所示。

(6)使用"移动"命令,移动钢筋型号至一侧,并使用"更改"命令更改钢筋伸出墙边的距离为两边各 700 mm,如图 4.3.13 所示。

板支座上部非贯通钢筋自支座中线向跨内的伸出长度,注写在线段的下方。

当支座中间、支座上部非贯通纵筋向支座两侧对称伸出时,可仅在支座一侧线段下方标注伸出长度,另一侧不标注,如图 4.3.14 所示。

当向支座两侧非对称伸出时,应分别在支座两侧线段下方注写伸出长度,如图 4.3.15 所示。

对线段画至对边贯通全跨或贯通全悬挑长度的上部通长纵筋,贯通全跨或伸出至全悬挑一侧的长度值不标注,只注明非贯通筋另一侧的伸出长度值,如图 4.3.16 所示。

另外,在结构边缘部分,构造筋并非两边贯穿,布置时按照计算要求,布置一侧即可,绘制方法与上述相同,如图 4.3.17 所示。

注意:部分图由于存在对称性,故一般只绘制一半钢筋,然后采用"镜像"命令进行镜像,从而得到图纸。此时,正筋、负筋布置与实际要求相反,所以,在绘制配筋时,使用"镜像"命令须正确处理,否则容易

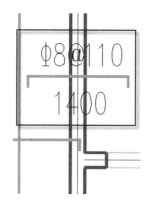

图 4.3.12　构造筋布置

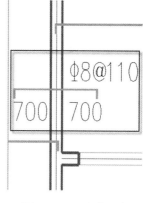

图 4.3.13　移动文字

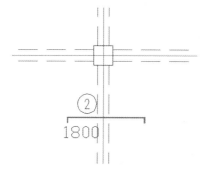

图 4.3.14　板支座上部非贯通纵筋对称伸出

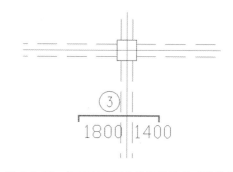

图 4.3.15　板支座上部非贯通纵筋非对称伸出

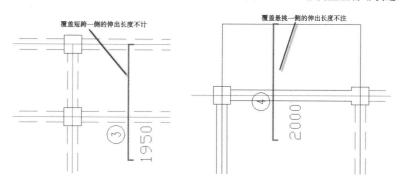

图 4.3.16　板支座非贯通纵筋

产生错误。

有些边缘部位参数为"0",如图 4.3.18 所示圆圈中标注的一样,意味着不进行配筋,而是按照板的计算参数布置构造筋。

根据板参数进行配置,并布置对应平面图,如图 4.3.19 所示。

钢筋间距不应大于 200 mm,直径不应小于 8 mm,其伸出墙边的长度不应小于 $L/7$(L 为单向板的跨度或双向板短边跨度),通常取 $L/5$,且取 50 的整数倍。由平面图可以知道,此板为双向板,短边跨度为 3400 mm,3400 mm/5＝680 mm,取 50 的整数倍,为 700 mm,钢筋型号与板配筋图相同。

单击 TSSD 软件绘图区右侧工具栏"钢筋绘制"→"任意构造筋"命令,进行构造筋绘制,在弹出的对话框中更改钢筋的型号。

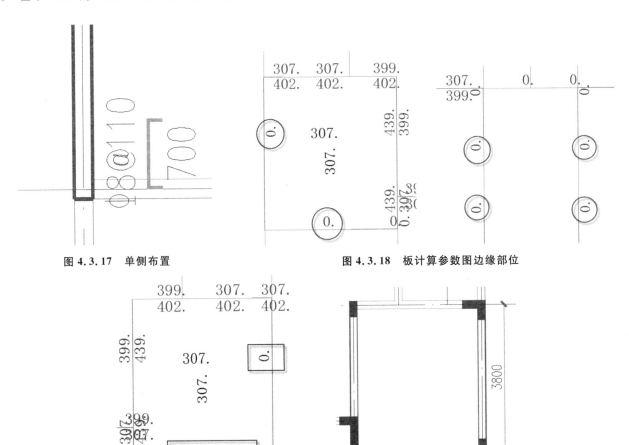

图 4.3.17 单侧布置

图 4.3.18 板计算参数图边缘部位

图 4.3.19 板计算参数图及对应平面图

单击梁上一点,移动光标找准布筋方向,输入"700",敲击键盘"Enter"键,完成构造筋配置,如图 4.3.20所示。

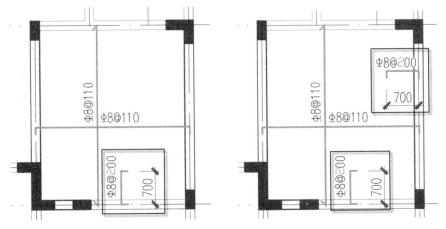

图 4.3.20 布置边缘构造筋

按照上述方法,对板进行配筋,配筋完成后,可得到所需要的板配筋平面图。

第5章 主楼地下部分绘制施工图

第4章讲述了主楼地上部分施工图的绘制,相信同学们已对施工图的绘制有了较深的了解。接下来将介绍主楼地下部分的施工图绘制。绘制步骤同主楼地上部分施工图的绘制一样,先绘制剪力墙施工图,然后绘制梁施工图,最后绘制板施工图。

5.1 剪力墙施工图

使用 PKPM 结构设计软件对剪力墙进行配筋的流程如下。先用 PMCAD 程序对工程进行建模,再用 PKPM 系列软件中任一种多、高层结构整体分析软件(STAWE、TAT 或 PMSAP)进行计算。由剪力墙施工图程序读取指定层的配筋面积计算结果,按使用者设定的配筋规格进行选筋,并通过归并整理与智能分析生成墙内配筋。

5.1.1 PKPM 画施工图

打开 PKPM 软件,如图 5.1.1 所示,选择"结构"→"SATWE 核心的集成设计"→"砼结构施工图",双击"主楼模型",进入混凝土结构施工图操作界面。

图 5.1.1 进入混凝土结构施工图操作界面的方法

进入上述界面后,单击"墙"→"设置"→"表示方法"按钮,可以选择"截面注写"或者"列表注写"。若对参数进行了修改,可在"绘图"菜单下的"绘新图"中选择"重新归并选筋并绘新图",PKPM 软件将自动对剪力墙进行配筋。中间黑色区域内显示的配筋图可以通过"钢筋编辑""标注编辑"板块进行修改。

"平法表"板块包括"墙柱表"、"墙梁表"和"墙身表"按钮。

单击"墙柱表"按钮,弹出"选择大样"对话框,即可选择绘制该层的墙柱大样表,如表 5.1.1 所示。

表 5.1.1 墙柱大样表

截面			
编号	GAZ1(GAZ2)	GJZ9	GJZ3(GJZ4)
标高	16.770~39.970	16.770~39.970	16.770~39.970
纵筋	6 ϕ 12	16 ϕ 12	12 ϕ 12
箍筋	ϕ8@200(ϕ8@150)	ϕ8@150	ϕ8@150(ϕ8@200)

单击"墙身表"按钮即可得到剪力墙的水平分布筋、垂直分布筋以及拉筋的配筋形式,如表 5.1.2 所示。

表 5.1.2 剪力墙身表

名　　称	墙厚/mm	水平分布筋	垂直分布筋	拉　　筋
Q-2(2 排)	300	ϕ10@200	ϕ10@150	ϕ6@600
Q-3(2 排)	300	ϕ14@100	ϕ8@100	ϕ6@400
Q-4(2 排)	300	ϕ12@200	ϕ12@200	ϕ6@400
Q-5(2 排)	300	ϕ12@200	ϕ10@150	ϕ6@600
Q-7(2 排)	250	ϕ8@150	ϕ10@200	ϕ6@600
Q-8(2 排)	200	ϕ8@200	ϕ8@150	ϕ6@600
Q-9(2 排)	200	ϕ10@200	ϕ10@200	ϕ6@400

按如上步骤操作即可绘制出墙柱大样表和剪力墙身表。"校核"板块的"计算面积"下拉菜单中包含"墙柱计算结果""墙身计算结果"按钮,"校核"板块的"实配面积"下拉菜单中包含"墙柱实配数量""墙身实配数量"按钮,单击上述按钮即可得到剪力墙的各项配筋信息,"校核"板块还包括"删除面积"按钮。

上述操作是针对利用 PKPM 对剪力墙进行配筋,计算结果不应完全应用到实际工程中,仅作参考。用户应根据《高规》《抗规》对剪力墙的各项配筋进行计算。接下来将运用 TSSD 软件对剪力墙的配筋进行讲解。

5.1.2　TSSD 自动绘制施工图

TSSD 软件中有很多"自动"功能,能够生成结构施工图中常用的一些图、表,这为绘图简化了不少工作。具体操作如下。

1. TSSD 基本设置

打开 TSSD 软件,单击菜单栏上的"打开"按钮,选择主楼地下部分图纸,对主楼地下部分进行施工图绘制。打开主楼地下部分的图纸后,单击右侧菜单的"TSSD"按钮,切换成"剪力墙"菜单,进行此操作后下拉菜单也会随之改变。单击"约束暗柱"按钮,选择下拉菜单的"预处理"按钮。单击后剪力墙的墙身颜色将会变成红色。

单击"基本设置"按钮,将会弹出 TSSD 软件"基本设置"对话框,如图 5.1.2 所示。

在"搜索设置"页可对已经打开的原图的图层进行搜索、编辑、指定。当用户未指定图层,即右面为空时,程序默认的搜索图层为 WALL 层,不区分大小写。搜索图层可以有多个,不局限于一个图层或两个图层,可由用户自己设置。设置方法为:选中左框中所列图层名,单击按钮加入右框中。若要去掉右框中的图层名,单击另外两个按钮即可。

单击切换为"配筋设置"页,软件自动对配筋进行了设置。用户在此对拉筋设置方式和约束钢筋方式进行设置,在配筋过程中的细节也可以在此设置,如图5.1.3所示。

图 5.1.2　"基本设置"对话框

单击切换为"配筋表格"页,软件给出了配筋表格的各尺寸参数及表头文字,用户可以依照示意图进行修改,如图 5.1.4 所示。设置完成后,程序会按照设定值生成表格,如果生成的图形过大,用户设置的 B 值和 C 值不能满足要求,则程序可以实际图形所占的大小另行确定 B 值和 C 值。

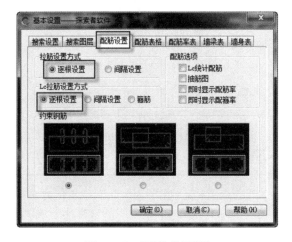

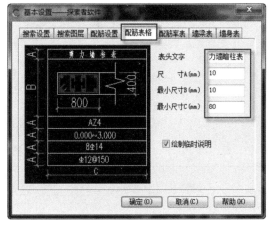

图 5.1.3　"配筋设置"页　　　　　　　**图 5.1.4　"配筋表格"页**

单击切换至"墙梁表"页,软件给出了剪力墙连梁表的各尺寸参数,用户可以根据需要修改,如图5.1.5所示。

单击切换至"墙身表"页,软件给出了剪力墙身表的各尺寸参数,用户可以根据需要修改,如图5.1.6所示。

完成上述设置后即可开始对结构进行配筋。

2. 自动配筋一般步骤

单击"自动生成"按钮,会弹出"自动处理"对话框。用户对对话框中的数据进行设置,设置好后TSSD 软件将会对剪力墙的暗柱进行配筋,单击"确定"按钮即可,结果如图 5.1.7 所示。

系统自动生成暗柱后,同时自动生成剪力墙暗柱表,如表 5.1.3 所示。

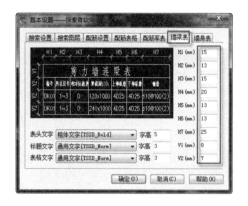

图 5.1.5 "墙梁表"页

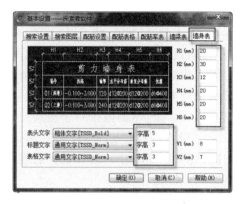

图 5.1.6 "墙身表"页

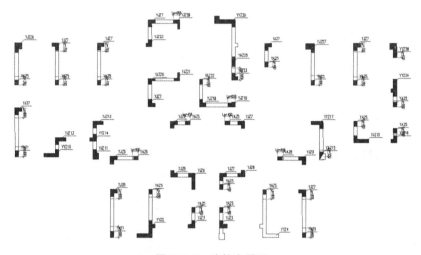

图 5.1.7 暗柱布置图

表 5.1.3 剪力墙暗柱表(部分)

截面				
编号	YAZ1	YYZ2	YJZ3	YYZ4
标高	0.000~3.000 m	0.000~3.000 m	0.000~3.000 m	0.000~3.000 m
纵筋	10⏀18	18⏀18	18⏀18	34⏀10
箍筋	⏀10@150	⏀12@150	⏀10@150	⏀8@150

单击"墙身表"按钮,软件将自动生成剪力墙墙身表,如表 5.1.4 所示。

表 5.1.4　剪力墙墙身表

编　号	标高/m	墙厚/mm	水平分布筋	垂直分布筋	拉　筋
Q1(两排)	−0.100～3.000	0.8281	φ12@200	φ12@200	φ6@400
Q2(两排)	−0.100～3.000	200	φ12@200	φ12@200	φ6@400
Q3(两排)	−0.100～3.000	250	φ12@200	φ12@200	φ6@400
Q4(两排)	−0.100～3.000	299.865	φ12@200	φ12@200	φ6@400
Q5(两排)	−0.100～3.000	400	φ12@200	φ12@200	φ6@400
Q6(两排)	−0.100～3.000	499.999	φ12@200	φ12@200	φ6@400

5.1.3　根据 PKPM 计算结果配筋

第 5.1.2 节第 2 部分是软件自动进行剪力墙配筋的过程。用户可以先对结构进行配筋计算,然后再对软件自动生成的配筋信息进行核对。

软件自动生成的配筋会有很多误差。用户应根据《高规》《抗规》对剪力墙的各项配筋进行手动计算。接下来将根据上述两本规范对剪力墙进行配筋。

1. 剪力墙基本介绍

剪力墙又称抗风墙或抗震墙、结构墙。它是房屋或构筑物中主要承受风荷载或地震作用引起的水平荷载的墙体,主要作用是防止结构剪切破坏。建筑物中的竖向承重构件主要为墙体时,这种墙体既承受水平构件传来的竖向荷载,也承受风力或地震作用传来的水平荷载。剪力墙是建筑物的分隔墙和围护墙,因此墙体的布置必须同时满足建筑平面布置和结构布置的要求。

剪力墙结构体系有很好的承载力、整体性和空间作用,比框架结构有更好的抗侧能力,因此,可用于建造较高的建筑物。

剪力墙结构的优点是侧向刚度大,在水平荷载作用下侧移小;其缺点是对剪力墙的间距有一定限制,建筑平面布置不灵活,不适合要求有大空间的公共建筑,另外结构自重也较大,灵活性较差。剪力墙结构一般适用于住宅、公寓和旅馆。

接下来开始对已经布置好的剪力墙进行配筋计算。剪力墙布置图如图 5.1.8 所示。

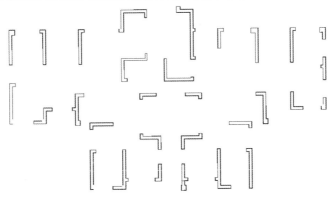

图 5.1.8　剪力墙布置图

◇ 剪力墙的布置应该遵循以下原则。

剪力墙结构中全部竖向荷载和水平荷载都由钢筋混凝土墙承受,所以剪力墙应沿平面主要轴线方向布置。

矩形、L 形、T 形平面的剪力墙沿两个正交的主轴方向布置;三角形及 Y 形平面的剪力墙可沿三个方向布置;正多边形、圆形和弧形平面的剪力墙则可沿径向及环向布置。

单片剪力墙的长度不宜过大:长度很大的剪力墙,刚度过大将导致结构的周期过短,地震力太大不经济;剪力墙处于受弯工作状态时,才能有足够的延性,故剪力墙应当是高窄的。如果剪力墙太长,将形成低宽剪力墙,易受剪破坏,剪力墙呈脆性,不利于抗震。故同一轴线上的连续剪力墙过长时,应用楼板或小连梁分成若干个墙段,每个墙段的高宽比应不小于 3。每个墙段可以是单片墙、小开口墙或联肢墙。每个墙肢的宽度不宜大于 8.0 m,以保证墙肢由受弯承载力控制,并充分发挥竖向分布筋的作用。内力计算时,不考虑墙段之间的楼板或弱连梁的作用,每个墙段作为一片独立剪力墙计算。

◇ 剪力墙墙肢边缘构件。

剪力墙墙肢边缘构件分为约束边缘构件和构造边缘构件。不同边缘构件的设置部位在第 4.1.4 节已有讲解,此处不再赘述。

抗震设计时,一般剪力墙结构底部加强部位的高度可取墙肢总高度的 1/10 和底部两层高度二者中的较大值,部分框支剪力墙结构底部加强部位的高度应符合《高规》第 10.2.2 条的规定。

◇ 剪力墙中的配筋分为竖向分布钢筋和水平分布钢筋以及约束构件的配筋。

先对剪力墙竖向和水平方向进行配筋计算。查看《高规》可知以下内容。

高层建筑剪力墙中竖向分布钢筋和水平分布钢筋,不应采用单排配筋。对于竖向分布钢筋和水平分布钢筋配筋率,一、二、三级抗震墙均不应小于 0.25%,四级抗震墙不应小于 0.20%;钢筋间距不应大于 300 mm,钢筋直径不应小于 8 mm。部分框支剪力墙结构中,抗震墙底部加强部位的竖向、水平分布钢筋配筋率均不应小于 0.3%,钢筋间距不应大于 200 mm。抗震墙竖向、水平分布钢筋的钢筋直径不宜大于墙厚的 1/10。

2. PKPM 剪力墙计算数据

PKPM 对结构计算完成后,我们可以通过选择 PKPM 主界面中的"结构"→"SATWE 核心的集成设计"→"砼结构施工图",来查看混凝土构件配筋及钢构件验算简图,如图 5.1.9 所示。

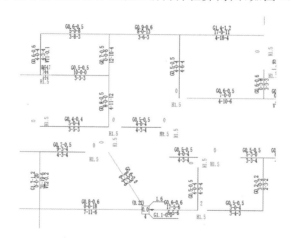

图 5.1.9　混凝土构件配筋及钢构件验算简图

3. 剪力墙竖向钢筋、水平钢筋以及拉筋配置

按照上述计算简图以及剪力墙竖向和水平钢筋布置规定,即可配出剪力墙的竖向和水平分布钢筋,如图 5.1.10 所示。

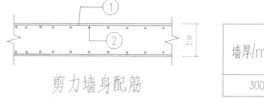

图 5.1.10　剪力墙身配筋图及配筋情况

墙厚/mm	垂直分布筋 ①	水平分布筋 ②
300	Φ10@200	Φ10@200

剪力墙拉筋的配筋方法如下所示。

间距不应大于 600 mm,直径不应小于 6 mm(一般取为 φ6@600)。

底部加强部位、约束边缘构件以外的拉筋间距应适当加密(一般取为 φ6@400)。

构造边缘构件(除底部加强部位外)阴影区域内拉筋的水平间距不应大于纵向钢筋间距的 2 倍。

按照上述配拉筋原则,即可确定剪力墙拉筋配置形式,如图 5.1.11 所示。配筋表如表 5.1.5 所示。

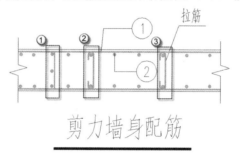

图 5.1.11　拉筋配置

表 5.1.5　剪力墙身配筋表

编号	标高/m	墙厚/mm	垂直分布筋 ①	水平分布筋 ②	拉筋	备　注
Q1	基础顶面～地下室顶板面	300	φ100@200	φ10@200	φ6@400	

4. 剪力墙约束边缘构件配筋

经过上述操作后,剪力墙的竖向钢筋、水平钢筋以及拉筋都已经配置完成。接下来开始对剪力墙约束边缘构件进行配筋。先确定约束边缘构件沿墙肢长度,约束边缘构件长度按照《抗规》表 6.4.5-3 取值,如表 5.1.6 所示。

表 5.1.6　约束边缘构件的范围及配筋要求

项　目	一级(9 度)		一级(7、8 度)		二、三级	
	λ≤0.2	λ>0.2	λ≤0.3	λ>0.3	λ≤0.4	λ>0.4
l_c(暗柱)	$0.20h_w$	$0.25h_w$	$0.15h_w$	$0.20h_w$	$0.15h_w$	$0.20h_w$
l_c(翼墙或端柱)	$0.15h_w$	$0.20h_w$	$0.10h_w$	$0.15h_w$	$0.10h_w$	$0.15h_w$

续表

项　　目	一级(9度)		一级(7、8度)		二、三级	
	λ≤0.2	λ>0.2	λ≤0.3	λ>0.3	λ≤0.4	λ>0.4
λ_v	0.12	0.20	0.12	0.20	0.12	0.20
纵向钢筋(取较大值)	0.012A_c,8φ16		0.012A_c,8φ16		0.010A_c,6φ16(三级 6φ14)	
箍筋或拉筋沿竖向间距	100 mm		100 mm		150 mm	

注:(1) 抗震墙的翼墙长度小于其 3 倍厚度或端柱截面边长小于 2 倍墙厚时,按无翼墙、无端柱查表;

　(2) l_c 为约束边缘构件沿墙肢长度,且不小于墙厚和 400 mm;有翼墙或端柱时不应小于翼墙厚度或端柱沿墙肢方向截面高度加 300 mm;

　(3) $λ_v$ 为约束边缘构件的配箍特征值,体积配箍率可按《抗规》式(6.3.9)计算,并可适当计入满足构造要求且在墙端有可靠锚固的水平分布钢筋的截面面积;

　(4) h_w 为抗震墙墙肢长度;

　(5) λ 为墙肢轴压比;

　(6) A_c 为《抗规》图 6.4.5-2 中约束边缘构件阴影部分的截面面积。

根据上述原则,计算结构剪力墙约束边缘构件范围,取值范围如图 4.1.52 所示。计算暗柱、端柱以及转角柱约束边缘构件范围分别如图 5.1.12、图 5.1.13 以及图 5.1.14 所示。

按上述操作布置好后即可对构造边缘构件进行配筋。

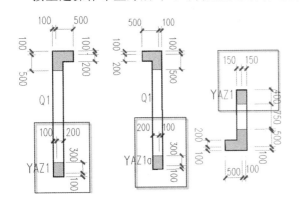

图 5.1.12　暗柱

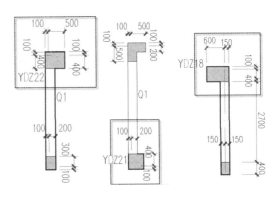

图 5.1.13　端柱

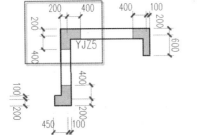

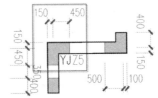

图 5.1.14　转角柱

5. 剪力墙构造边缘构件配筋

约束边缘构件布置完成后即可对构造边缘构件进行配筋。构造边缘构件配筋可根据 PKPM 计算数据以及表 4.1.2 计算。

对构造边缘构件暗柱 1 进行配筋图绘制。单击"TS 工具"按钮,选择"钢筋"选项,单击"箍筋"按钮,会弹出"箍筋参数设定"对话框,如图 5.1.15 所示。

按照图 5.1.15 所示步骤对箍筋进行设置。单击"确定"按钮,然后在绘图区绘制箍筋,如图 5.1.16 所示。单击"TS 工具"按钮,选择"钢筋"选项,单击"拉筋"按钮,绘制拉筋,如图 5.1.17 所示。

综上可得出暗柱 1 的配筋形式,如图 5.1.18 所示。

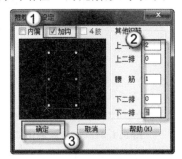

图 5.1.15　箍筋参数设定 1

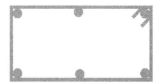

图 5.1.16　初步绘制箍筋 1

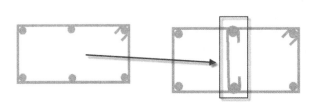

图 5.1.17　绘制拉筋 1

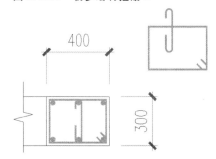

图 5.1.18　暗柱 1 的配筋形式

上述操作完成后即完成了暗柱 1 的配筋绘制,如图 5.1.19 所示。

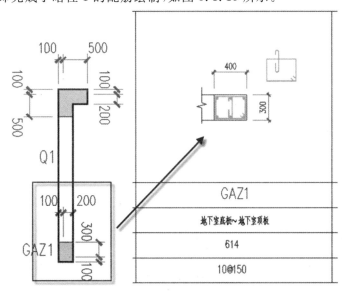

图 5.1.19　暗柱 1 配筋图

　　按照上述步骤配置构造边缘构件端柱 22 的钢筋。单击"TS 工具"按钮,选择"钢筋"选项,单击"箍筋"按钮,在弹出的对话框中对箍筋参数进行设定,如图 5.1.20 所示。单击"确定"按钮后即可绘制箍筋,如图 5.1.21 所示。

 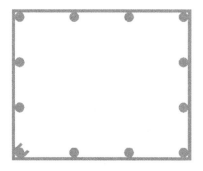

图 5.1.20　箍筋参数设定 1　　　　　　　图 5.1.21　初步绘制箍筋 2

　　重复上述步骤。单击"TS 工具"按钮,选择"钢筋"选项,单击"拉筋"按钮,绘制拉筋,如图 5.1.22 所示。

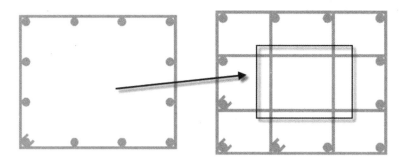

图 5.1.22　绘制拉筋 2

　　拉筋绘制完成后,构造边缘构件端柱 22 的配筋形式,如图 5.1.23 所示。

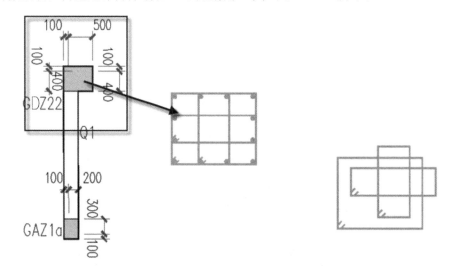

图 5.1.23　端柱 22 配筋图

完成上述操作后即完成了一段剪力墙构造边缘构件的配筋,具体形式如图 5.1.24 所示。

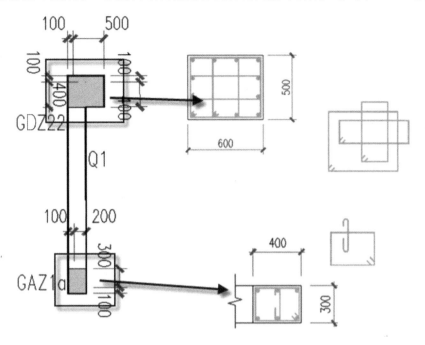

图 5.1.24 剪力墙构造边缘构件配筋

接下来开始绘制转角柱的配筋图。对构造边缘构件转角柱 5、转角柱 6 以及转角柱 14 进行配筋。单击"TS 工具"按钮,选择"钢筋"选项,单击"箍筋"按钮,按上述操作分别绘制出转角柱 5、转角柱 6 以及转角柱 14 的配筋图,如图 5.1.25、图 5.1.26 以及图 5.1.27 所示。

完成上述操作后即完成了转角柱的配筋,如图 5.1.28 所示。

至此,剪力墙部分构造边缘构件配筋完成,如图 5.1.29 所示。

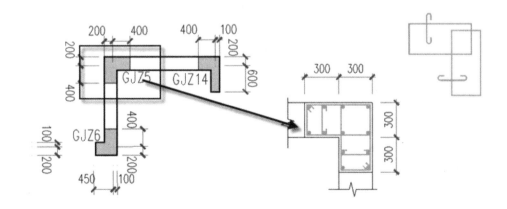

图 5.1.25 转角柱 5 配筋图

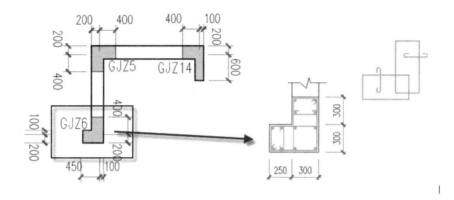

图 5.1.26　转角柱 6 配筋图

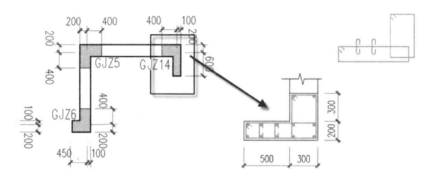

图 5.1.27　转角柱 14 配筋图

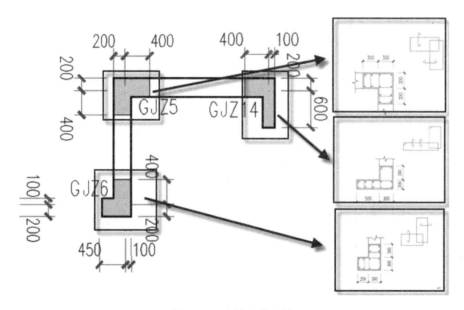

图 5.1.28　转角柱配筋

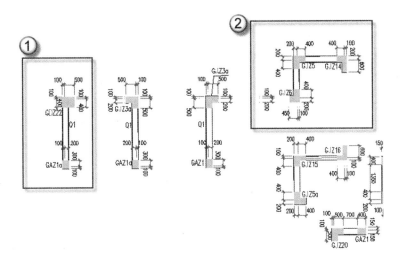

图 5.1.29　剪力墙部分构造边缘构件配筋

　　上述内容针对剪力墙的部分构造边缘构件配筋进行了详细讲解,其中包括暗柱的配筋、端柱的配筋以及转角柱的配筋,因此,具体构造边缘构件配筋在此不再赘述。

　　本节主要讲解了剪力墙的构造和配筋,相信同学们对剪力墙施工图的绘制也有了一定的了解。下一节将会讲解梁施工图的绘制。

5.2　梁施工图

　　本节讲述梁施工图的绘制。对梁进行配筋应先导出 PKPM 计算数据。导出 PKPM 计算数据的方法与第 4.2.5 节所述基本相同,在此不再赘述。

5.2.1　数据讲解

　　本节对 PKPM 的计算数据进行讲解,以便同学们更好地理解图上数据的含义。图形下面有一系列的说明,例如混凝土强度等级,梁、柱、墙的钢筋强度以及梁的数量和层高。最重要的是单位设置,应多加注意。计算简图说明如图 5.2.1 所示。

　　下面开始对上述一些重要的 PKPM 计算数据进行举例说明,如图 5.2.2 所示。

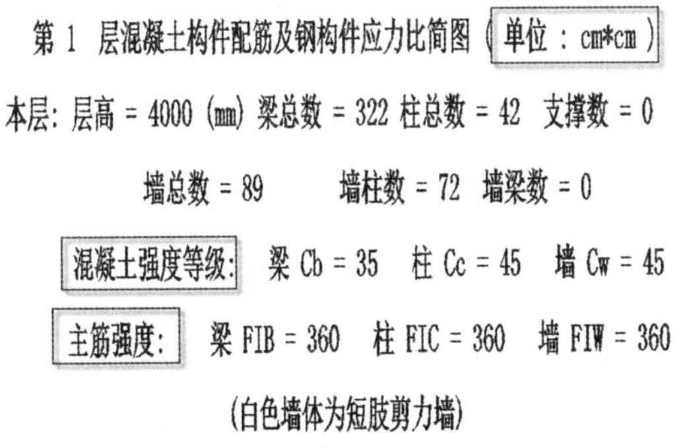

第 1 层混凝土构件配筋及钢构件应力比简图 　单位：cm*cm

本层：层高 = 4000 (mm) 梁总数 = 322 柱总数 = 42 支撑数 = 0

　　　墙总数 = 89　　　墙柱数 = 72　墙梁数 = 0

　混凝土强度等级：梁 Cb = 35　柱 Cc = 45　墙 Cw = 45

　主筋强度：梁 FIB = 360　柱 FIC = 360　墙 FIW = 360

　　　　　　(白色墙体为短肢剪力墙)

图 5.2.1　计算简图说明

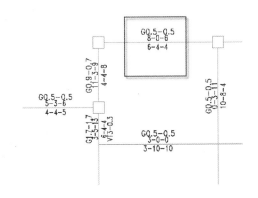

图 5.2.2　梁 PKPM 计算数据

"G0.5-0.5"表示梁跨左端箍筋面积为 50 mm²,梁跨右端箍筋面积为 50 mm²。"8-0-6"表示梁跨左端面筋面积为 800 mm²,梁跨右端面筋面积为 600 mm²。同理,"6-4-4"表示梁下部受拉钢筋面积。根据 PKPM 计算数据运用 TSSD 软件进行配筋。梁的施工图是按图集 16G101-1 绘制的。同学们应该熟悉此方法。

5.2.2 平法基本知识

梁平法施工图的表示方法如下。

(1) 梁平法施工图在梁平面布置图上采用平面注写方式或截面注写方式表达。

(2) 梁平面布置图,应分别按梁的不同结构层(标准层),将全部梁和与其相关联的柱、墙、板一起采用适当比例绘制。

(3) 在梁平法施工图中,应按图集 16G101-1 第 1.0.8 条规定注明各结构层的顶面标高及相应的结构层号。

平面注写方式如下。

(1) 平面注写方式是在梁平面布置图上,分别在不同编号的梁中各选一根梁,用在其上注写截面尺寸具体数值的方式来表示梁平法施工图。

(2) 平面注写包括集中标注与原位标注。集中标注表达梁的通用数值,原位标注表达梁的特殊数值。当集中标注中的某项数值不适用于梁的某部位时,应将该项数值原位标注。施工时,原位标注取值优先。平面注写方式示例如图 5.2.3 所示。

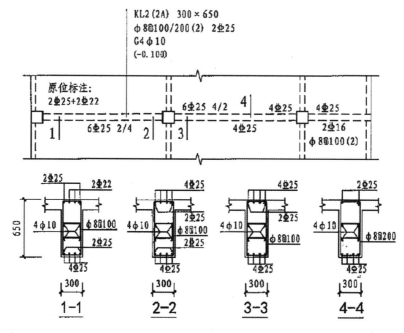

图 5.2.3　平面注写方式示例

梁编号由梁类型代号、序号、跨数及有无悬挑代号几项组成,并应符合图集 16G101-1 表 4.2.2 的规定,如表 5.2.1 所示。

表 5.2.1　梁编号

梁 类 型	代 号	序 号	跨数及是否带有悬挑
楼层框架梁	KL	××	(××)、(××A)或(××B)
楼层框架扁梁	KBL	××	(××)、(××A)或(××B)
屋面框架梁	WKL	××	(××)、(××A)或(××B)
框支梁	KZL	××	(××)、(××A)或(××B)
托柱转换梁	TZL	××	(××)、(××A)或(××B)
非框架梁	L	××	(××)、(××A)或(××B)
悬挑梁	XL	××	
井字梁	JZL	××	(××)、(××A)或(××B)

示例:"KL7(5A)"表示第 7 号楼层框架梁,5 跨,一端有悬挑;

"L9(7B)"表示第 9 号楼层非框架梁,7 跨,两端有悬挑。

5.2.3　绘制梁施工图

了解图集 16G101-1 后,就可以开始对梁的施工图进行绘制。先打开主楼地下部分结构图。主楼地下部分结构图如图 5.2.4 所示。

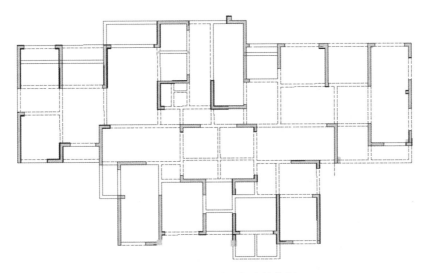

图 5.2.4　主楼地下部分结构图

1. 绘制集中标注

单击 TSSD 右侧菜单栏的"梁绘制"→"梁集中标注"按钮,将会弹出"梁集中标"对话框,如图 5.2.5 所示。

在对话框中,系统会自动对梁的配筋信息进行标注。用户应根据 PKPM 的计算数据对梁的配筋进行计算,然后在对话框相应的栏下填入手动计算的数据,最后再标注在结构图上。用户输入好数据后,单击"确定"按钮。

软件会给出提示:

"选取梁的一条边"后,则单击梁的一条边,然后用光标单击梁的一侧即完成对梁的集中标注。

根据上述提示绘图,如图 5.2.6 所示。

图 5.2.5 "梁集中标"对话框

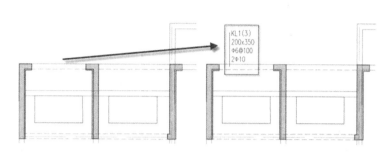

图 5.2.6 梁集中标注

上述例子讲述了对梁集中标注的一般操作。原位标注步骤与集中标注的步骤类似。下面开始进行主楼地下梁的标注。打开 T 图转的 DWG 格式的 PKPM 计算简图,根据计算结果进行梁的配筋。计算数据如图 5.2.7 所示。

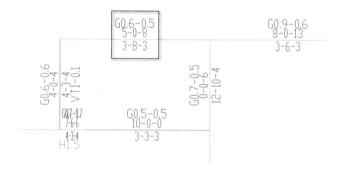

图 5.2.7 PKPM 计算简图

2. 绘制箍筋

以图 5.2.7 所示框住部分的 PKPM 计算数据为例配箍筋。

◇ 梁箍筋的间距应符合下列规定。

梁箍筋的最大间距宜符合附表 5 的规定,当 $V > 0.7f_t bh_0 + 0.05N_{p0}$ 时,箍筋的配筋率 ρ_{sv}($\rho_{sv} = A_{sv}/b_s$)尚不应小于 $0.24f_t/f_{yv}$。

当梁中配有计算需要的纵向受压钢筋时,箍筋应做成封闭式的,此时,箍筋间距不应大于 $15d$(d 为纵向受压钢筋的最小直径),同时不应大于 400 mm;当一层内的纵向受压钢筋多于 5 根且直径大于 18 mm 时,箍筋间距不应大于 $10d$;当梁的宽度大于 400 mm 且一层内的纵向受压钢筋多于 3 根时,或当梁的宽度不大于 400 mm,但一层内的纵向受压钢筋多于 4 根时,应设置复合箍筋。

◇ 梁中纵向受力钢筋搭接长度范围内的箍筋间距应符合图集 16G101-1 的规定。

对截面高度 $h > 800$ mm 的梁,其箍筋直径不宜小于 8 mm;对截面高度 $h \leqslant 800$ mm 的梁,其箍筋直径不宜小于 6 mm。梁中配有计算需要的纵向受压钢筋时,箍筋直径尚不应小于纵向受压钢筋最大直径的 0.25 倍。

梁的截面尺寸为 200 mm×500 mm。根据上述规定,再由 PKPM 计算箍筋的面积,查附表 2 选取直径为 8 mm、间距为 200 mm 的双肢箍。选好箍筋后进行面筋和拉筋的选取,根据 PKPM 计算面筋的面积,查附表 4 选取 4 根直径为 16 mm 的钢筋作为面筋,根据 PKPM 计算拉筋的面积,查附表 4 选取 4 根直径为 16 mm 的钢筋作为拉筋。

3. 绘制集中标注

单击 TSSD 右侧菜单栏的"梁绘制"→"梁集中标注"按钮,将会弹出"梁集中标"对话框。在对话框中输入上述已经配好的钢筋,如图 5.2.8 所示。

用户输入好数据后,单击"确定"按钮。

按照软件给的提示"选取梁的一条边",单击梁的一条边,然后用鼠标单击梁的一侧即完成梁的集中标注,如图 5.2.9 所示。

图 5.2.8 输入数据 1

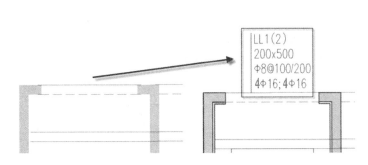

图 5.2.9 梁配筋

重复上述步骤,根据 PKPM 计算数据对梁进行配筋。PKPM 计算数据如图 5.2.10 所示。

按照上述步骤对梁进行配筋,梁截面尺寸为 200 mm×500 mm,根据计算数据,箍筋直径为 8 mm,加密区箍筋间距为 100 mm,非加密区箍筋间距为 200 mm 的双肢箍。梁的上部面筋是 4 根直径为 16 mm 的钢筋,下部也是 4 根直径为 16 mm 的钢筋。

单击 TSSD 右侧菜单栏的"梁绘制"→"梁集中标注"按钮,将会弹出"梁集中标"对话框。在对话框中输入上述已经配好的钢筋,如图 5.2.11 所示。用户输入好数据后,单击"确定"按钮。

按照软件给的提示"选取梁的一条边",单击梁的一条边,然后用鼠标单击梁的一侧即完成梁的集中标注,如图 5.2.12 所示。

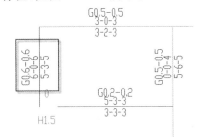

图 5.2.10 梁计算简图 1

图 5.2.11 输入数据 2

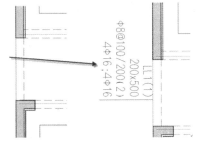

图 5.2.12 梁集中标注 1

4. 梁配筋一般步骤

在这里多举几个例子以便同学们更熟悉梁配筋的一般步骤。梁的配筋步骤是查看 PKPM 计算数据→通过数据查钢筋表→选用钢筋→用 TSSD 绘制梁的配筋。具体步骤就是这些,同学们应该多加练习。下面继续对梁进行配筋。打开 PKPM 计算简图,如图 5.2.13 所示。

根据计算简图进行配筋,①号框架梁的截面尺寸为 250 mm×400 mm,箍筋直径为 8 mm,加密区箍筋间距为 100 mm,非加密区箍筋间距为 200 mm 的双肢箍。梁的面筋选取 2 根直径为 16 mm 的钢筋,拉筋选取 3 根直径为 16 mm 的钢筋。打开 TSSD 软件,单击"梁集中标注"按钮,弹出如图5.2.14 所示对话框,在对话框中输入上述配筋信息,标注在相应的梁上,如图 5.2.15 所示。

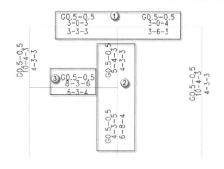

图 5.2.13　梁计算简图 2

图 5.2.14　①号框架梁集中标注对话框

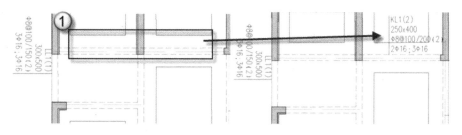

图 5.2.15　①号框架梁集中标注

②号框架梁,截面尺寸为 250 mm×500 mm,箍筋直径为 8 mm,加密区箍筋间距为 100 mm,非加密区箍筋间距为 200 mm 的双肢箍。梁的面筋选取 2 根直径为 18 mm 的钢筋,下部底筋选取 4 根直径为 16 mm 的钢筋。打开 TSSD 软件,单击"梁集中标注"按钮,弹出如图 5.2.16 所示对话框,在对话框中输入上述配筋信息,标注在相应的梁上,如图 5.2.17 所示。

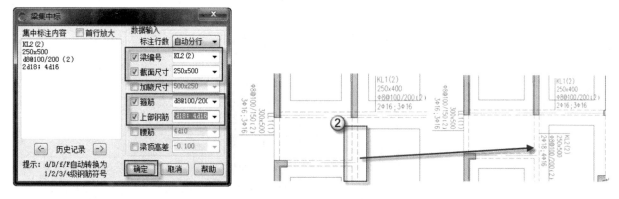

图 5.2.16　②号框架梁集中标注对话框　　　图 5.2.17　②号框架梁配筋

③号框架梁,截面尺寸为 250 mm×500 mm,箍筋选取直径为 8 mm、加密区箍筋间距为 100 mm,非加密区箍筋间距为 200 mm 的双肢箍。梁的上部面筋选取 3 根直径为 20 mm 的钢筋,下部底筋选取 3

根直径为 16 mm 的钢筋。打开 TSSD 软件,单击"梁集中标注"按钮,弹出如图 5.2.18 所示的对话框。在对话框中输入上述配筋信息,标注在相应的梁上,如图 5.2.19 所示。

经过上述梁钢筋的绘制,即完成了一小部分梁的配筋标注,如图 5.2.20 所示。

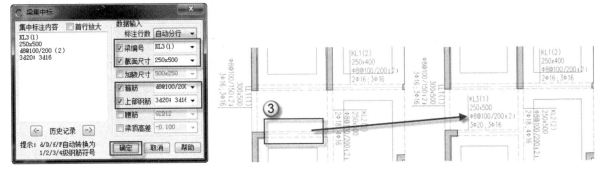

图 5.2.18 ③号框架梁集中标注对话框　　　　图 5.2.19 ③号框架梁配筋

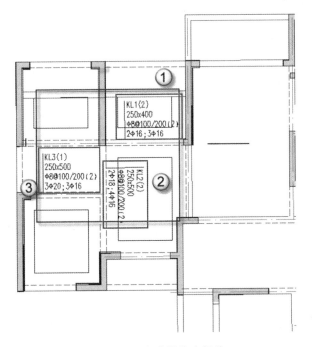

图 5.2.20 部分梁集中标注

梁施工图中不会完全是集中标注,还有一部分是原位标注。原位标注是梁的另一种标注形式。当集中标注中的某项数值不适用于梁的某部位时,应将该数值原位标注。施工时,原位标注取值优先。梁原位标注的内容规定如下。

梁支座上部纵筋:该部位含通长筋在内的所有纵筋。当上部纵筋多于一排时,用斜线"/"将各排纵筋自上而下分开;当同排纵筋有两种直径时,用加号"+"将两种直径的纵筋相连,注写时将角部纵筋写在前面。梁上部钢筋原位标注如图 5.2.21 所示。

梁下部纵筋:当梁下部纵筋多于一排时,用斜线"/"将各排纵筋自上而下分开;当同排纵筋有两种直径时,用加号"+"将两种直径的纵筋相连,注写时将角部纵筋写在前面;当梁下部纵筋不全伸入支座时,

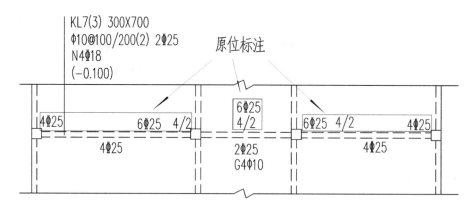

图 5.2.21 梁上部钢筋原位标注

将梁支座下部纵筋减少的数量写在括号内。梁下部钢筋原位标注如图 5.2.22 所示。

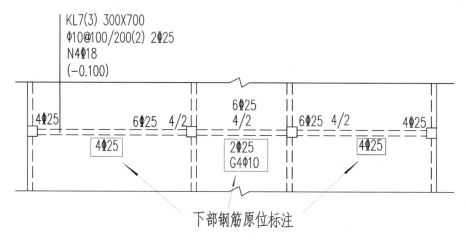

图 5.2.22 梁下部钢筋原位标注

注意:当梁的集中标注中已按上述原则分别注写了梁上部和下部均为通长的纵筋时,不需要再在梁下部重复做原位标注。

附加箍筋或吊筋,将其直接画在平面图中的主梁上,用线引注总配筋值(附加箍筋的肢数注在括号内),如图 5.2.23 所示。当多数附加箍筋或吊筋相同时,可在梁平法施工图上统一注明,少数与统一注明值不同时,再原位标注。

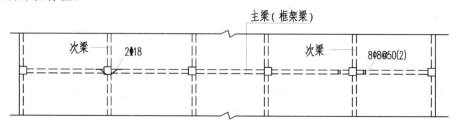

图 5.2.23 附加箍筋和吊筋的画法示意图

按照上述原位标注原则,下面以结构梁施工图的一些原位标注作实例进行讲解。打开 PKPM 计算数据,如图 5.2.24 所示。选取标注的梁如图 5.2.25 所示。

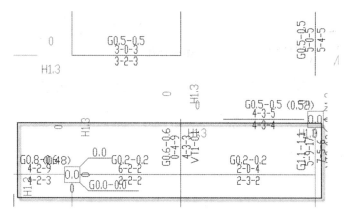

图 5.2.24　PKPM 计算简图

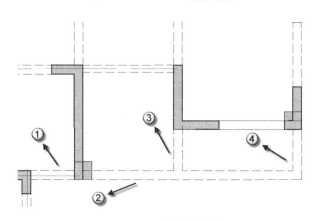

图 5.2.25　选取标注的梁

　　查看计算数据,对梁进行集中标注。梁截面尺寸为 250 mm×400 mm,选取箍筋直径为 8 mm,加密区箍筋间距为 100 mm,非加密区箍筋间距为 200 mm 的双肢箍。梁的上部纵筋选取 2 根直径为 18 mm 的钢筋,下部纵筋选取 3 根直径为 16 mm 的钢筋。单击"梁集中标注"按钮,在弹出的对话框中输入配筋参数,如图 5.2.26 所示。输入完成后单击"确定"按钮,开始标注,如图 5.2.27 所示。

图 5.2.26　输入梁配筋参数

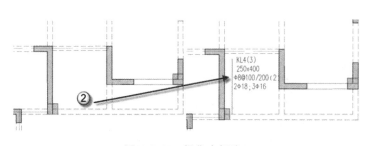

图 5.2.27　梁集中标注 2

　　集中标注不能完全表达图 5.2.25 所示多跨梁的配筋情况,因此在①号梁处进行原位标注,以作补充。①号梁上部纵筋配 2 根直径为 18 mm 和 2 根直径为 16 mm 的钢筋,选取箍筋直径为 10 mm 的钢筋,加密区箍筋间距为 100 mm,非加密区箍筋间距为 150 mm 的双肢箍。

单击"梁原位标注"按钮,会弹出"文字输入"对话框。输入计算的梁上部纵筋和箍筋参数,如图 5.2.28所示。

图 5.2.28 ①号梁输入配筋参数

输入完成后,单击"书写"按钮即可对①号梁进行原位标注,如图 5.2.29 所示。

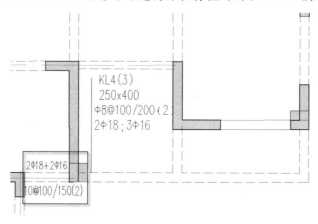

图 5.2.29 ①号梁原位标注

根据 PKPM 计算结果,②号框架梁的箍筋计算值较集中标注小,为减少浪费可单独选取箍筋直径为 6 mm、箍筋间距为 200 mm 的双肢箍。单击"梁原位标注"按钮,输入配筋参数,如图 5.2.30 所示。输入完成后,单击"书写"按钮即可对②号梁进行原位标注,如图 5.2.31 所示。

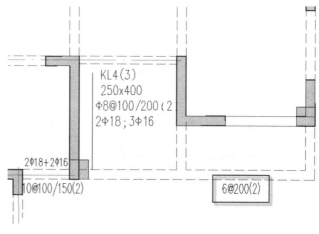

图 5.2.30 ②号梁输入配筋参数　　　　　　　　**图 5.2.31 ②号梁原位标注**

　　接着开始对③号悬挑梁进行钢筋的配置。由 PKPM 计算数据可选择 2 根直径为 18 mm 的钢筋加 2 根直径为 20 mm 的钢筋。单击"梁原位标注"按钮,输入配筋参数,如图 5.2.32 所示。输入完成后,单击"书写"按钮即可对③号梁进行原位标注,如图 5.2.33 所示。

图 5.2.32　③号梁输入配筋参数

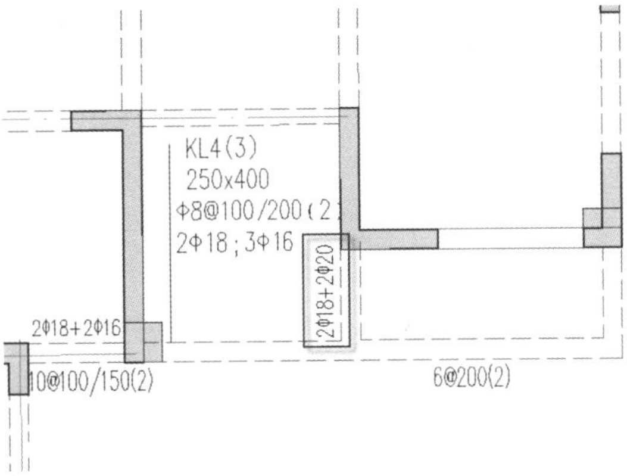

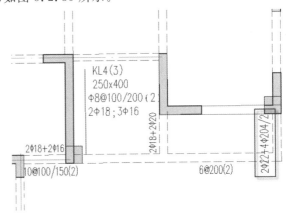

图 5.2.33　③号梁原位标注

　　根据 PKPM 计算数据,对④号悬挑梁进行配筋。梁的上部钢筋可配置 2 根直径为 22 mm 钢筋加 4 根直径为 20 mm 的钢筋。上面一排放置 4 根钢筋:角部 2 根直径为 22 mm 的钢筋,中间 2 根直径为 20 mm 的钢筋。第二排放置 2 根直径为 20 mm 的钢筋。单击"梁原位标注"按钮,弹出如图 5.2.34 所示对话框,输入配筋参数,即可在梁上进行原位标注,如图 5.2.35 所示。

图 5.2.34　④号梁输入配筋参数

图 5.2.35　④号梁原位标注

　　手动输入配筋参数后,即完成了部分梁的配筋。通过这些实例,相信同学们已经对原位标注有了一定的了解。配筋完成后如图 5.2.36 所示。

5.2.4　截面注写方式

　　除上面讲述的梁平法的一般注写方式外,还有一种截面注写方式。截面注写方式是在分标准层绘制的梁平面布置图上,分别在不同编号的梁中各选择一根梁用剖切符号引出配筋图,并采用在其上注写截面尺寸和配筋具体数值的方式来表达梁平法施工图。具体实例如图 5.2.37 所示。

1. 平法梁的截面注写方式

　　下面对梁的截面注写方式进行详细的讲解,同时也对梁截面的绘制进行讲解。操作步骤大致如下。

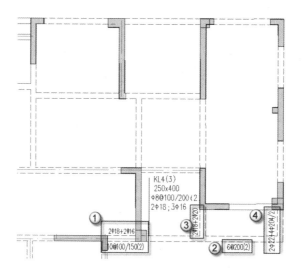

图 5.2.36　部分梁配筋原位标注

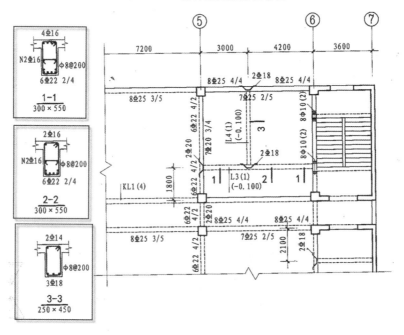

图 5.2.37　截面注写方式

先打开 TSSD 软件，单击"TS 工具"按钮，选择"钢筋"选项，单击"箍筋"按钮，弹出对话框，如图 5.2.38 所示。输入相应数据，如上一排钢筋的数量、上二排钢筋的数量、腰筋的数量、下二排钢筋的数量、下一排钢筋的数量，输入完成后单击"确定"按钮，最后在绘图区即可绘制出梁的截面配筋。配筋图如图 5.2.39 所示。

2. 绘制拉筋

单击"TS 工具"按钮，选择"拉筋"选项，在命令栏提示"输入第一点"时，单击左边腰筋，提示"输入另一点"时，单击腰筋另一点，即可绘制出拉筋。具体操作步骤如图 5.2.40 所示。配筋图绘制完成后如图 5.2.41 所示。

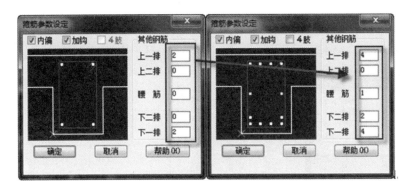

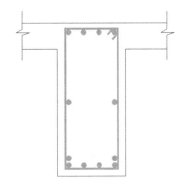

图 5.2.38　"箍筋参数设定"对话框

图 5.2.39　初步绘制截面配筋

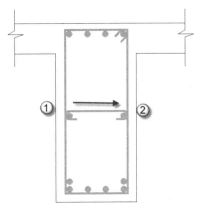

图 5.2.40　绘制拉筋

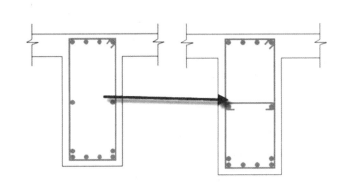

图 5.2.41　截面配筋绘制

3. 原位标注

单击"梁绘制"→"梁原位标注"按钮,在弹出的对话框中输入相应的参数。完成参数设定后即可在梁上进行标注。重复此操作步骤,依次绘制出梁的原位标注,如图 5.2.42～图 5.2.45 所示。

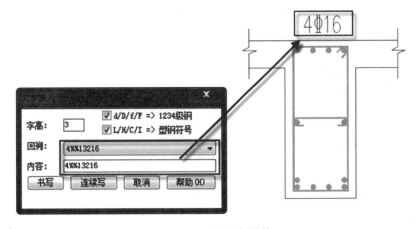

图 5.2.42　梁上部纵筋

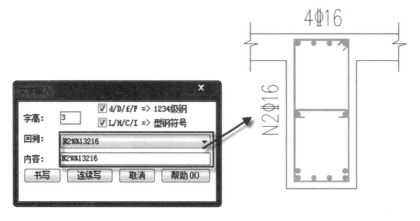

图 5.2.43　梁腰筋

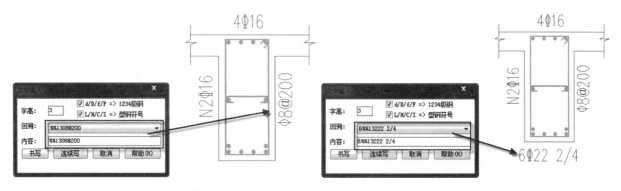

图 5.2.44　梁箍筋　　　　　　　　　图 5.2.45　梁下部纵筋

　　按照上述截面配筋步骤,对梁的截面进行配筋绘制。单击"TS 工具"按钮,选择"钢筋"选项,单击"箍筋"按钮,弹出如图 5.2.46 所示对话框。输入相应参数,如上一排钢筋的数量、上二排钢筋的数量、腰筋的数量、下二排钢筋的数量、下一排钢筋的数量,输入完成后单击"确定"按钮,最后在绘图区即可绘制出梁的截面配筋。初步配筋形式如图 5.2.47 所示。拉筋绘制如图 5.2.48 所示。

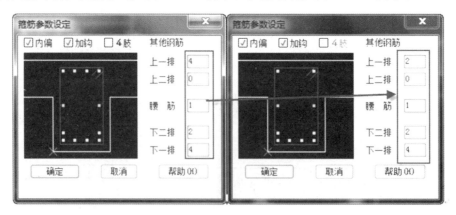

图 5.2.46　参数设定

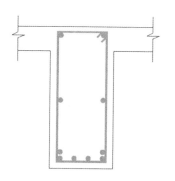

图 5.2.47　初步配筋形式

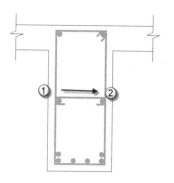

图 5.2.48　拉筋绘制

　　注意:上述是梁的截面注写方式。在梁平法施工图的平面图中,当局部区域的梁布置过密时,除了采用截面注写方式表达外,也可将过密区用虚线框出,适当放大比例后再用平面注写方式表示。当表达异形截面梁的尺寸与配筋时,用截面注写方式相对比较方便。

　　梁的截面注写方式已经讲述完,梁施工图的具体绘制步骤就是以上内容。结构其余梁的配筋可自行计算。其余梁的配筋如图 5.2.49 所示。

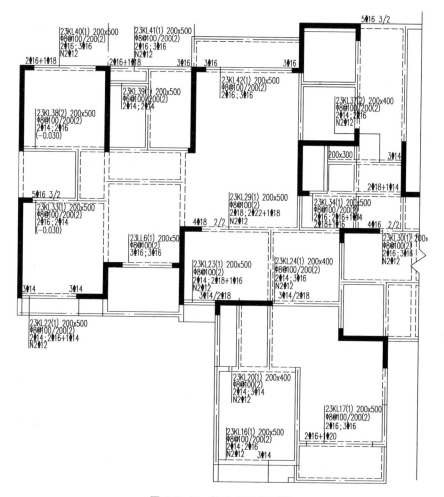

图 5.2.49　梁施工图(局部)

到这里已经完成了对梁施工图的绘制。通过这一流程,相信同学们对梁施工图的绘制步骤已经有了一定了解。

5.3 板施工图(结构平面图)

梁施工图绘制完成后,接下来开始讲解板施工图的绘制。

5.3.1 板的基本规定

在结构施工图中,板施工图需要表达的内容是板厚、板跨、正负筋、构造筋、板的混凝土等级。

1. 板厚的取值

现浇钢筋混凝土板的厚度不应小于表5.3.1规定的数值。

表 5.3.1 现浇钢筋混凝土板的最小厚度

板 的 类 别		最小厚度/mm
单向板	屋面板	60
	民用建筑楼板	60
	工业建筑楼板	70
	行车道下的楼板	80
双向板		80
密肋板	肋间距小于或等于 700 mm	40
	肋间距大于 700 mm	50
悬臂板	板的悬臂长度小于或等于 500 mm	60
	板的悬臂长度大于 500 mm	80
无梁楼板		150

2. 混凝土板计算原则

两对边支承的板应按单向板计算。四边支承的板应按下列规定计算:当长边与短边长度之比小于或等于2.0时,应按双向板计算;当长边与短边长度之比大于2.0,但小于3.0时,宜按双向板计算;当按沿短边方向受力的单向板计算时,应沿长边方向布置足够数量的构造钢筋;当长边与短边长度之比大于或等于3.0时,可按沿短边方向受力的单向板计算。

3. 板中受力钢筋的间距

当板厚 $h \leqslant 150$ mm 时,受力钢筋间距不宜大于 200 mm;当板厚 $h > 150$ mm 时,受力钢筋间距不宜大于 $1.5h$,且不宜大于 250 mm。

板的配筋应符合上述规定,但是在使用软件进行配筋时,应通过 PKPM 的计算数据进行配筋。具体操作步骤如下。①导出 PKPM 板计算数据,了解板计算数据的含义。②根据计算数据,查配筋表,选用钢筋。③根据上述规定对选用钢筋进行布置。下面按照上述步骤开始对板进行配筋。

5.3.2 绘制板施工图

由于板的跨度可以在建筑施工图中表示,板的混凝土等级可以在结构设计说明中表示,所以板施工图只需要表示相应的钢筋信息就可以了。具体操作如下。

1. 导出 PKPM 计算数据

（1）打开 PKPM 软件，进入"砼结构施工图"界面，在主菜单上可以看到"梁""柱""墙""板"等按钮，单击"板"按钮，切换至"板"子菜单，如图 5.3.1 所示。

图 5.3.1　"板"子菜单

（2）先在"板"子菜单计算板的钢筋面积，然后根据这个结果查表，选择钢筋规格，最后使用 TSSD 软件绘制钢筋图。

具体操作如下。①使用操作界面右上角工具栏将楼层调至第五层。②在"板"子菜单中对参数进行设置，基本满足构造要求即可。③单击"板计算"→"计算"按钮，可自动得到该层板钢筋面积图，如图 5.3.2 所示。

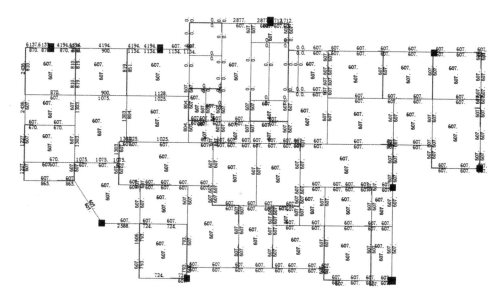

图 5.3.2　现浇板钢筋面积图

2. 计算数据解释

下面开始对板计算数据进行解释，以便同学们能够看懂 PKPM 板配筋计算简图。下面以部分板配筋计算数据为例进行讲解，如图 5.3.3 所示。

图 5.3.3 中标注的数据是板的钢筋面积，①表示板内的受力钢筋面积为 607 mm²；②表示两个板连接的钢筋面积为 900 mm² 和 1075 mm²。根据上述解释可以看出钢筋面积，并通过查本书附表 1 选取钢筋。

下面开始根据钢筋截面面积，查相关表格选取钢筋以及钢筋间距。

3. 绘制正筋

根据图 5.3.3 中的计算数据可知，大部分受力钢筋面积是 607 mm²，则通过查表可选取直径为

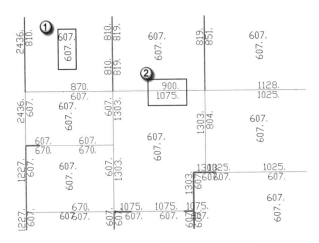

图 5.3.3　PKPM 板计算简图(部分)

10 mm,间距为 120 mm 的 HRB335 钢筋。钢筋选择好后即可对板钢筋进行绘制。

打开 TSSD,单击右侧菜单栏的"钢筋绘制"按钮,将会弹出一系列下拉菜单。单击"自动正筋"按钮,弹出"正筋设置"对话框。根据上述选择好的钢筋,输入相应的数值,如图 5.3.4 所示。

图 5.3.4　正筋设置

输入完成后即可对板钢筋进行绘制。当命令栏提示"请选择钢筋起点"时,选择钢筋起点,当软件提示"请选择钢筋终点"时,选择钢筋终点,如图 5.3.5 所示。

按照上述步骤绘制板内分布钢筋和受力钢筋,如图 5.3.6 所示。

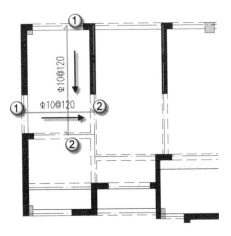

图 5.3.5　绘制正筋 1

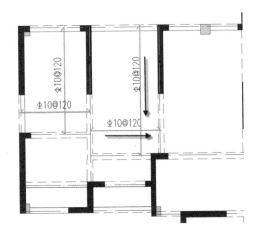

图 5.3.6　绘制正筋 2

重复上述步骤,绘制其他楼板的分布钢筋和受力钢筋,如图 5.3.7、图 5.3.8 所示。

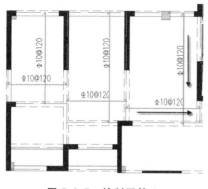

图 5.3.7　绘制正筋 3

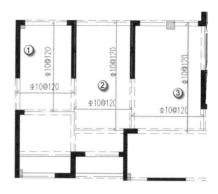

图 5.3.8　绘制正筋 4

4. 绘制负筋

布置好正筋后开始布置负筋,先计算负筋长度:短跨计算长度乘以 1/4,得到的数值向上取 50 的整数倍。下面对负筋长度进行计算。板跨度如图 5.3.9 所示。

图 5.3.10 中,短边跨度为 3900 mm,1/4 为 975 mm,板面负筋长度向上取 50 的整数倍后为 1000 mm。查看整层平面图可知,与该板相连的板中,只有右侧板短边跨度为 4200 mm,则该板右侧板面负筋长度要在 1000 mm 和 1050 mm 中取较大值,即取 1050 mm。

图 5.3.9　板跨度(部分)

图 5.3.10　绘制负筋 1

注意:配筋时尽量取半径较小的钢筋,间距不宜小于 100 mm。

按照上述计算步骤,单击"任意负筋"按钮,弹出"负筋设置"对话框,如图 5.3.11 所示。修改数值,完成修改后,按照软件提示步骤进行绘制。选取起点,再输入相应的长度"1000"。布置图如图 5.3.12 所示。

重复上述步骤,单击"任意负筋"按钮,弹出"负筋设置"对话框,输入相应的数值,然后按照软件提示的步骤绘制负筋,如图 5.3.13 所示。

当板的跨度较小时,可采用双层双向配筋直接拉通。

如图 5.3.14 所示,中间小板短边跨度为 1200 mm,过小,故采用双层双向配筋直接拉通,该板满足构造配筋要求,图注中已有说明不必原位标注。双层双向配筋图如图 5.3.15 所示。

当按单向板设计时,除沿受力方向布置受力钢筋外,尚应在垂直受力方向布置分布钢筋。单位长度上分布钢筋的截面面积不宜小于单位宽度上受力钢筋截面面积的 15%,且不宜小于该方向板截面面积的 0.15%;分布钢筋的间距不宜大于 250 mm,直径不宜小于 6 mm;对集中荷载较大的情况,分布钢筋的截面面积应适当增加,其间距不宜大于 200 mm。

图 5.3.11 "负筋设置"对话框

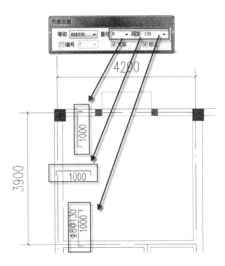

图 5.3.12 负筋布置图

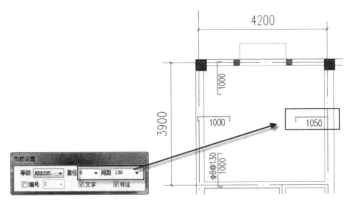

图 5.3.13 绘制负筋 2

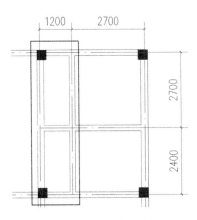

图 5.3.14 较小跨度板

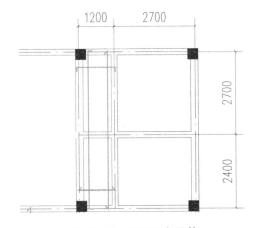

图 5.3.15 双层双向配筋

注意:当有实践经验或可靠措施时,预制单向板的分布钢筋可不受上述要求限制。

按照上述计算负筋的方法,开始对该结构进行负筋计算,然后绘制负筋。计算简图如图 5.3.16 所示。

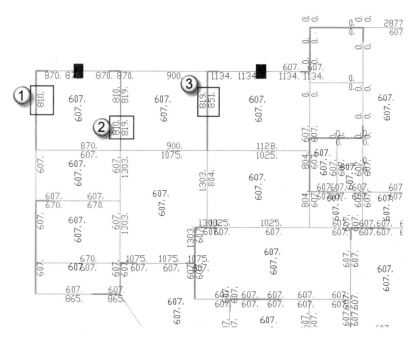

图 5.3.16　PKPM 计算简图

　　按照上述选取负筋的方法,则①号负筋选取直径为 10 mm 的 HRB400 钢筋,间距为 150 mm,负筋的长度为 900 mm;②号负筋选取直径为 10 mm 的 HRB400 钢筋,间距为 150 mm,负筋的长度为 900 mm。选取负筋以及计算长度后,即可开始绘制负筋。绘制①②号负筋如图 5.3.17 所示。

图 5.3.17　绘制①②号负筋

　　重复上述步骤,对③号负筋进行选取和计算。选取直径为 16 mm 的 HRB400 钢筋,间距为 150 mm,计算长度为 1150 mm。单击"任意负筋"按钮,即可在绘图区绘制负筋,如图 5.3.18 所示。

　　最后开始绘制最后一部分的负筋,计算数据如图 5.3.19 所示。①号负筋选取直径为 10 mm 的 HRB400 钢筋,间距为 300 mm。负筋伸出长度为 900 mm。单击"任意负筋"按钮,弹出"负筋设置"对话框。设置参数,即可在绘图区绘制负筋,如图 5.3.20 所示。

　　②号负筋选取直径为 10 mm 的 HRB400 钢筋,间距为 300 mm。负筋伸出长度为 900 mm。单击

"任意负筋"按钮,弹出"负筋设置"对话框。设置参数,即可在绘图区绘制负筋,如图 5.3.21 所示。

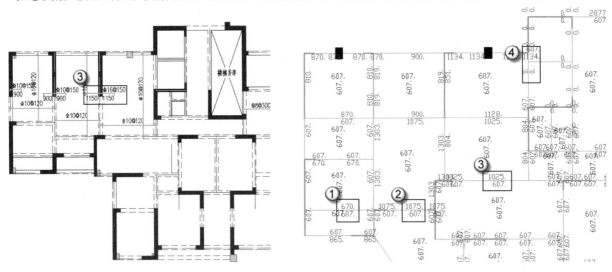

图 5.3.18　绘制③号负筋 1　　　　　　　　图 5.3.19　PKPM 计算数据

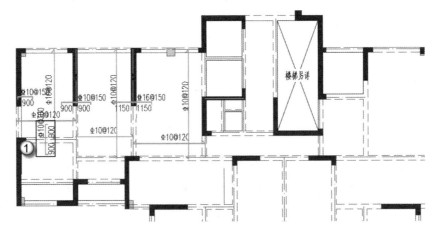

图 5.3.20　绘制①号负筋

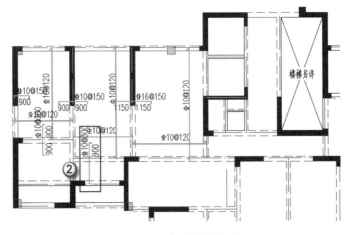

图 5.3.21　绘制②号负筋

③号负筋选取直径为 10 mm 的 HRB400 钢筋,间距为 150 mm。负筋伸出长度为 1150 mm。单击"任意负筋"按钮,弹出"负筋设置"对话框。设置参数,即可在绘图区绘制负筋,如图 5.3.22 所示。

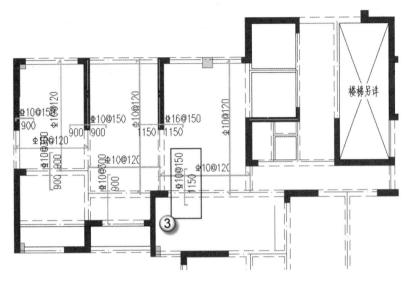

图 5.3.22　绘制③号负筋 2

④号负筋选取直径为 16 mm 的 HRB400 钢筋,间距为 150 mm。负筋伸出长度为 1150 mm。单击"任意负筋"按钮,弹出"负筋设置"对话框。设置参数,即可在绘图区绘制负筋,如图 5.3.23 所示。

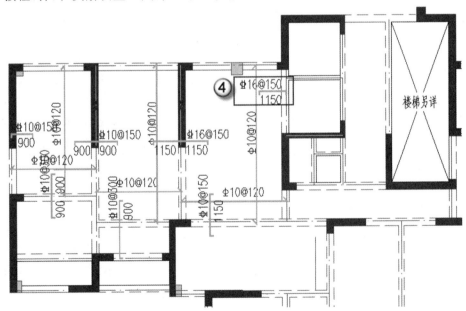

图 5.3.23　绘制④号负筋

这里已经绘制了大部分板的钢筋。其余的钢筋选取以及负筋长度的计算,同学们可自己动手做一下。板的配筋如图 5.3.24 所示。

上述内容是板施工图的绘制。下面将介绍钢筋锚固的一些规范、要求。

图 5.3.24　绘制地下板施工图

5.3.3　钢筋锚固构造

钢筋的锚固是指钢筋被包裹在混凝土中,以增强混凝土与钢筋的连接。其作用是使混凝土与钢筋共同工作以承担各种应力(协同工作以承受来自各种荷载产生的压力、拉力、弯矩、扭矩等)。所以在这里必须对板的锚固构造进行讲解。

1. 板的锚固构造

板的锚固构造分为以下四种。

◇ 如图 5.3.25 所示为端部支座为梁时的锚固构造。

◇ 如图 5.3.26 所示为端部支座为剪力墙时的锚固构造。

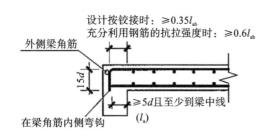

图 5.3.25　端部支座为梁时的锚固构造

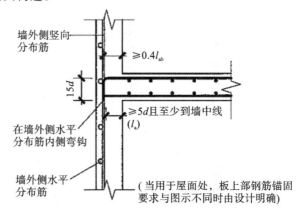

图 5.3.26　端部支座为剪力墙时的锚固构造

◇ 如图 5.3.27 所示为端部支座为砌体墙的圈梁时的锚固构造。

◇ 如图 5.3.28 所示为端部支座为砌体墙时的锚固构造。

2. 单(双)板配筋示意图

单(双)板配筋示意图分为分离式配筋和部分贯通式配筋两种。

◇ 如图 5.3.29 所示为分离式配筋。

◇ 如图 5.3.30 所示为部分贯通式配筋。

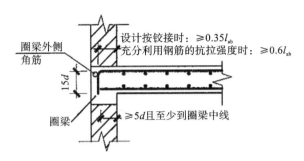

图 5.3.27　端部支座为砌体墙的圈梁时的锚固构造

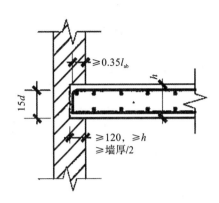

图 5.3.28　端部支座为砌体墙时的锚固构造

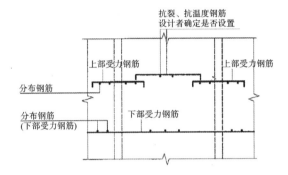

图 5.3.29　分离式配筋

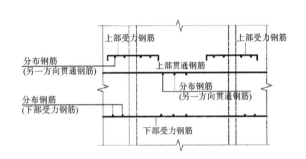

图 5.3.30　部分贯通式配筋

3. 悬挑板的钢筋构造

悬挑板的钢筋构造如图 5.3.31 所示。

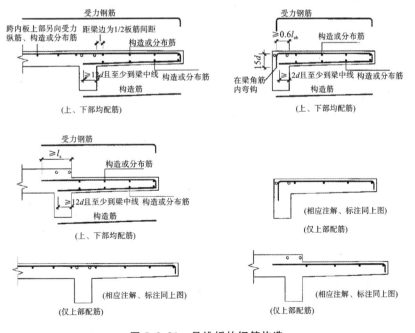

图 5.3.31　悬挑板的钢筋构造

4. 无支撑板端部封边构造

无支撑板端部封边构造如图 5.3.32 所示。

5. 折板配筋构造

折板配筋构造如图 5.3.33 所示。

上述均为板的基本钢筋锚固构造。在用 TSSD 作出施工图之后,施工员就是根据这些钢筋的锚固对工程构造进行建立的。所以,对于施工图绘制人员而言,钢筋的锚固是必须了解的知识。具体构造可查看图集 16G101-1。

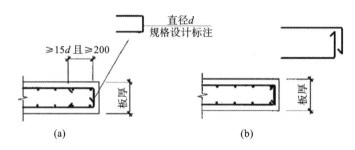

图 5.3.32　无支撑板端部封边构造(当板厚≥150 mm 时)

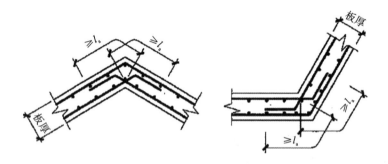

图 5.3.33　折板配筋构造

附　　录

附表 1　每米板宽内各种钢筋间距的钢筋截面面积

钢筋间距 /mm	当钢筋直径(mm)为下列数值时的钢筋截面面积/mm²												
	4	4.5	5	6	8	10	12	14	16	18	20	22	25
70	180	227	280	404	718	1122	1616	2199	2872	3635	4488	5430	7012
75	168	212	262	377	670	1047	1508	2053	2681	3393	4189	5068	6545
80	157	199	245	353	628	982	1414	1924	2513	3181	3927	4752	6136
90	140	177	218	314	559	873	1257	1710	2234	2827	3491	4224	5454
100	126	159	196	283	503	785	1131	1539	2011	2545	3142	3801	4909
110	114	145	178	257	457	714	1028	1399	1828	2313	2856	3456	4462
120	105	133	164	236	419	654	942	1283	1676	2121	2618	3168	4091
125	101	127	157	226	402	628	905	1232	1608	2036	2513	3041	3927
130	97	122	151	217	387	604	870	1184	1547	1957	2417	2924	3776
140	90	114	140	202	359	561	808	1100	1436	1818	2244	2715	3506
150	84	106	131	188	335	524	754	1026	1340	1696	2094	2534	3272
160	79	99	123	177	314	491	707	962	1257	1590	1963	2376	3068
170	74	94	115	166	296	462	665	906	1183	1497	1848	2236	2887
175	72	91	112	162	287	449	646	880	1149	1454	1795	2172	2805
180	70	88	109	157	279	436	628	855	1117	1414	1745	2112	2727
190	66	84	103	149	265	413	595	810	1058	1339	1653	2001	2584
200	63	80	98	141	251	392	565	770	1005	1272	1571	1901	2454
250	50	64	79	113	201	314	452	616	804	1018	1257	1521	1963
300	42	53	65	94	168	262	377	513	670	848	1047	1267	1636

附表 2　箍筋配筋系数

框架梁沿梁全长的箍筋配筋系数表

混凝土 等级	梁宽 /mm	d / s 肢数 n	6					8				
			100	150	200	250	300	100	150	200	250	300
C35	200	双肢	0.38	0.25	0.19	0.15	0.13	0.67	0.45	0.34	0.27	0.22
	250	双肢	0.30	0.20	0.15	0.12	0.10	0.54	0.36	0.27	0.22	0.18
	300	双肢	0.25	0.17	0.13	0.10	0.08	0.45	0.30	0.22	0.18	0.15
		四肢	0.50	0.34	0.25	0.20	0.17	0.90	0.60	0.45	0.36	0.30
	350	双肢	0.22	0.14	0.11	0.09	0.07	0.38	0.26	0.19	0.15	0.13
		四肢	0.43	0.29	0.22	0.17	0.14	0.77	0.51	0.38	0.30	0.26
	400	四肢	0.38	0.25	0.19	0.15	0.13	0.67	0.45	0.34	0.27	0.22
	450	四肢	0.34	0.22	0.17	0.13	0.11	0.60	0.40	0.30	0.24	0.20
	500	四肢	0.30	0.20	0.15	0.12	0.10	0.54	0.36	0.27	0.22	0.18
		六肢	0.45	0.30	0.23	0.18	0.15	0.81	0.54	0.40	0.32	0.27
	550	四肢	0.28	0.18	0.14	0.11	0.09	0.49	0.33	0.24	0.20	0.16
		六肢	0.41	0.28	0.21	0.17	0.14	0.73	0.49	0.37	0.29	0.24
	600	四肢	0.25	0.17	0.13	0.10	0.08	0.45	0.30	0.22	0.18	0.15
		六肢	0.38	0.25	0.19	0.15	0.13	0.67	0.45	0.34	0.27	0.22

附表 3　梁钢筋面积　　　　　　　　　　　　　　　　单位：mm²

ϕ \ n	1	2	3	4	5	6	7	8	9	10
6	28	57	85	113	141	170	198	226	254	283
8	50	101	151	201	251	302	352	402	452	503
10	79	157	236	314	393	471	550	628	707	785
12	113	226	339	452	565	679	792	905	1018	1131
14	154	308	462	616	770	924	1078	1232	1385	1539
16	201	402	603	804	1005	1206	1407	1608	1810	2011
18	254	509	763	1018	1272	1527	1781	2036	2290	2545
20	314	628	942	1257	1571	1885	2199	2513	2827	3142
22	380	760	1140	1521	1901	2281	2661	3041	3421	3801
25	491	982	1473	1963	2454	2945	3436	3927	4418	4909
28	616	1232	1847	2463	3079	3695	4310	4926	5542	6158
30	707	1414	2121	2827	3534	4241	4948	5655	6362	7069
32	804	1608	2413	3217	4021	4825	5630	6434	7238	8042
36	1018	2036	3054	4072	5089	6107	7125	8143	9161	10179
40	1257	2513	3770	5027	6283	7540	8796	10053	11310	12566

附表 4　配筋表

A_s/mm²	配　筋	A_s/mm²	配　筋
157	2Φ10	1900	5Φ22；3Φ22＋3Φ18；6Φ20；2Φ25＋3Φ20
226	2Φ12；3Φ10；1Φ14＋1Φ10	1964	4Φ25；4Φ18＋3Φ20；5Φ20＋2Φ16
267	1Φ14＋1Φ12；1Φ12＋2Φ10	2036	8Φ18；4Φ20＋2Φ22；4Φ20＋3Φ18
308	2Φ14；2Φ12＋1Φ10；1Φ14＋2Φ10；4Φ10	2101	3Φ25＋2Φ20；2Φ25＋3Φ22；3Φ22＋3Φ20
339	3Φ12；1Φ14＋1Φ16	2200	7Φ20；3Φ25＋2Φ22；4Φ18＋3Φ22
402	2Φ16；1Φ14＋2Φ12；2Φ14＋1Φ10；1Φ18＋1Φ14	2281	6Φ22；4Φ25＋1Φ20；4Φ20＋4Φ18
421	2Φ14＋1Φ12；2Φ12＋1Φ16	2414	3Φ25＋3Φ20；4Φ25＋1Φ22；4Φ20＋3Φ22
461	3Φ14；4Φ12；1Φ18＋1Φ16	2454	5Φ25；2Φ25＋4Φ22；4Φ22＋4Φ18；8Φ20
509	2Φ18；2Φ14＋1Φ16；2Φ16＋1Φ12	2613	3Φ25＋3Φ22；4Φ25＋2Φ20；7Φ22
534	2Φ14＋2Φ12	2724	4Φ25＋2Φ22；3Φ25＋4Φ20；4Φ20＋4Φ22
556	2Φ16＋1Φ14；2Φ14＋1Φ18；5Φ12	2827	9Φ20；2Φ25＋5Φ22
603	3Φ16	2945	6Φ25；3Φ25＋4Φ22
628	2Φ20；4Φ14；2Φ16＋2Φ12	3041	8Φ22；3Φ25＋5Φ20
657	2Φ16＋1Φ18；2Φ18＋1Φ14	3104	4Φ25＋3Φ22；5Φ25＋2Φ20
678	6Φ12；3Φ14＋2Φ12	3220	4Φ25＋4Φ20；5Φ25＋2Φ22
710	2Φ18＋1Φ16；2Φ16＋1Φ20；2Φ16＋2Φ14	3436	7Φ25；4Φ25＋4Φ22；9Φ22

A_s/mm^2	配　筋	A_s/mm^2	配　筋
741	2Φ16＋3Φ12；4Φ14＋1Φ12；2Φ18＋2Φ12	3573	6Φ25＋2Φ20；5Φ25＋3Φ22
760	2Φ22；3Φ18；2Φ16＋1Φ22；5Φ14；2Φ14＋4Φ12	3705	6Φ25＋2Φ22；5Φ25＋4Φ20
804	4Φ16；7Φ12	3927	8Φ25
823	2Φ18＋1Φ20；1Φ16＋2Φ20；2Φ18＋2Φ14；3Φ16＋2Φ12	4025	5Φ25＋5Φ20
854	2Φ20＋2Φ12；3Φ16＋1Φ18；2Φ16＋4Φ12；4Φ14＋2Φ12	4335	5Φ25＋5Φ22
883	2Φ20＋1Φ18；2Φ18＋1Φ22；8Φ12；2Φ14＋5Φ12	4418	9Φ25；6Φ25＋4Φ22
941	3Φ20；6Φ14；2Φ18＋2Φ16；3Φ16＋2Φ14；3Φ16＋3Φ12	4687	8Φ25＋2Φ22
982	2Φ25；2Φ18＋3Φ14；2Φ16＋5Φ12；4Φ14＋3Φ12	4909	10Φ25
1017	4Φ18；5Φ16；1Φ18＋2Φ22；2Φ20＋1Φ22；2Φ20＋2Φ16	5183	8Φ25＋4Φ20
1074	1Φ20＋2Φ22；3Φ18＋2Φ14；7Φ14；3Φ16＋3Φ14	5400	11Φ25
1119	2Φ20＋1Φ25；3Φ22；2Φ20＋2Φ18；2Φ18＋3Φ16	5636	7Φ25＋7Φ20
1165	3Φ18＋2Φ16；4Φ18＋1Φ14	5891	12Φ25
1206	6Φ16；2Φ20＋3Φ16；8Φ14；3Φ18＋3Φ14	6165	10Φ25＋4Φ20
1256	4Φ20；2Φ22＋1Φ25；5Φ18；2Φ22＋2Φ18	6382	13Φ25
1296	2Φ25＋1Φ20；4Φ18＋1Φ20；2Φ18＋4Φ16；4Φ18＋2Φ14	6651	12Φ25＋2Φ22
1362	2Φ25＋1Φ22；3Φ20＋2Φ16；3Φ18＋3Φ16	6873	14Φ25
1388	7Φ16；2Φ20＋2Φ22；2Φ20＋3Φ18		
1473	3Φ25；3Φ20＋2Φ18；2Φ25＋2Φ18		
1520	4Φ22；2Φ22＋3Φ18；6Φ18；3Φ20＋3Φ16		
1570	5Φ20；3Φ18＋4Φ16；5Φ18＋2Φ14		
1610	2Φ25＋2Φ20；3Φ22＋2Φ18；2Φ20＋4Φ18；8Φ16		
1701	2Φ22＋3Φ20；3Φ20＋3Φ18；2Φ16＋5Φ18		
1768	3Φ22＋2Φ20；4Φ20＋2Φ18；2Φ25＋2Φ22；7Φ18		
1834	4Φ22＋1Φ20；4Φ20＋3Φ16；4Φ18＋4Φ16		

附表 5　梁箍筋的最大间距　　　　　　　单位：mm

梁高 h	$V>0.7f_tbh_0+0.05N_{p0}$	$V\leqslant0.7f_tbh_0+0.05N_{p0}$
$150<h\leqslant300$	150	200
$300<h\leqslant500$	200	300
$500<h\leqslant800$	250	350
$h>800$	300	400

参 考 文 献

[1] 中华人民共和国住房和城乡建设部.建筑结构可靠性设计统一标准:GB 50068—2018[S].北京:中国建筑工业出版社,2018.

[2] 中华人民共和国住房和城乡建设部.建筑结构荷载规范:GB 50009—2012[S].北京:中国建筑工业出版社,2012.

[3] 中华人民共和国住房和城乡建设部.混凝土结构设计规范:(GB 50010—2010 2015 年版)[S].北京:中国建筑工业出版社,2015.

[4] 中华人民共和国住房和城乡建设部.建筑抗震设计规范:GB 50011—2010[S].北京:中国建筑工业出版社,2010.

[5] 中华人民共和国住房和城乡建设部.建筑地基基础设计规范:GB 50007—2011[S].北京:中国建筑工业出版社,2011.

[6] 中华人民共和国住房和城乡建设部.建筑工程抗震设防分类标准:GB 50223—2008[S].北京:中国建筑工业出版社,2008.

[7] 中华人民共和国住房和城乡建设部.建筑地基处理技术规范:JGJ 79—2012[S].北京:中国建筑工业出版社,2012.

[8] 中华人民共和国住房和城乡建设部.高层建筑混凝土结构技术规程:JGJ 3—2010[S].北京:中国建筑工业出版社,2010.

[9] 中华人民共和国住房和城乡建设部.建筑桩基技术规范:JGJ 94—2008[S].北京:中国建筑工业出版社,2008.

[10] 中华人民共和国住房和城乡建设部.混凝土异形柱结构技术规程:JGJ 149—2017[S].北京:中国建筑工业出版社,2017.

[11] 中国建筑标准设计研究院.混凝土结构施工图平面整体表示方法制图规则和构造详图(现浇混凝土框架、剪力墙、梁、板):16G101-1[S].北京:中国计划出版社,2016.

[12] 中国建筑标准设计研究院.混凝土结构施工图平面整体表示方法制图规则和构造详图(现浇混凝土板式楼梯):16G101-2[S].北京:中国计划出版社,2016.

[13] 中国建筑标准设计研究院.混凝土结构施工图平面整体表示方法制图规则和构造详图(独立基础、条形基础、筏形基础及桩基承台):16G101-3[S].北京:中国计划出版社,2016.